环保产业集聚区创新创业政策与实践

辛　璐　徐志杰　王志凯　等/编著

中国环境出版集团·北京

图书在版编目（CIP）数据

环保产业集聚区创新创业政策与实践/辛璐等编著.
—北京：中国环境出版集团，2022.12
ISBN 978-7-5111-5346-3

Ⅰ. ①环… Ⅱ. ①辛… Ⅲ. ①环保产业—产业发展—研究—中国 Ⅳ. ①X324.2

中国版本图书馆 CIP 数据核字（2022）第 179787 号

出 版 人 武德凯
责任编辑 丁莞歆
封面设计 岳　帅

出版发行 中国环境出版集团
（100062 北京市东城区广渠门内大街 16 号）
网　　址：http://www.cesp.com.cn
电子邮箱：bjgl@cesp.com.cn
联系电话：010-67112765（编辑管理部）
010-67147349（第四分社）
发行热线：010-67125803，010-67113405（传真）

印　　刷 北京建宏印刷有限公司
经　　销 各地新华书店
版　　次 2022 年 12 月第 1 版
印　　次 2022 年 12 月第 1 次印刷
开　　本 787×960 1/16
印　　张 11
字　　数 170 千字
定　　价 66.00 元

前言

环保产业是战略性新兴产业，是推动生态文明建设和深入打好污染防治攻坚战的生力军，为着力解决突出环境问题、实现绿色转型发展提供了重要的产业技术支撑。大力发展环保产业是统筹经济高质量发展和生态环境高水平保护的重要举措，党中央、国务院高度重视培育和发展环保产业，先后出台并积极落实了多项政策措施，多措并举，引导环保产业围绕深入打好污染防治攻坚战实现高质量发展，协调推进经济高质量发展和生态环境高水平保护。近年来，我国创新创业生态体系不断优化，创新创业观念与时俱进，出现了大众创业、草根创业的“众创”现象，带动创新创业愈加活跃，其规模不断增大、效率显著提高。党的十八大以来，在党中央、国务院坚强领导和各部门的积极培育下，环保产业发展取得了较好成效，其支撑保障和创新能力稳步提升，工艺和技术装备水平持续提高，产业结构不断优化，环境服务业营业收入占比超过 60%。据中国环境保护产业协会的统计测算，“十三五”期间，环保产业营业收入年均复合增长率为 14.1%，2020 年全国环保产业营业收入约为 1.95 万亿元，较 2019 年增长约 7.3%，从业人员超过 320 万人。随着生态环境保护治理力度的持续加大，环保产业发展的市场空间加速释放，战略地位也不断提升。

产业集群是中小企业发展的重要组织形式和载体，对构建产业链、推动企业专业化分工协作、有效配置生产要素、降低创新创业成本、促进区域经济社会发展具有重要意义。虽然市场因素对促进产业集聚起到非常重要的作用，但是环保产业作为典型的政策驱动型产业，政府的作用对于其是不可替代的。本书在“十三五”时期推进生态文明、推进市场化、发展大金融等宏观经济和环境保护形势背景下，基于对我国环保产业和环保产业集聚区现状、问题、机遇与挑战的分析评估，研究提出了推进环保产业集聚区创新创业的关键机制政策，并对国家环境服务业华南集聚区创新创业的政策进行了实证评估。采用模糊综合评价、解释结构模型、专家咨询法等分析研究了环保产业集聚区促进创新创业的机制政策作用力及机制政策链，研究提出了适用于我国不同发展阶段、不同特色的环保产业集聚区的促进创新创业机制政策联动的实施建议。

本书是笔者参与的国家重点研发计划“大气污染成因与控制技术研究（大气专项）”、“大气环保产业园创新创业关键机制政策研究”课题（2016YFC0209105）及国家社会科学基金重大项目“加快推进生态环境治理体系和治理能力现代化研究”（20&ZD092）的研究成果。这是近年来研究团队通过研究工作共同积累的结果，也是团队集体智慧的结晶。全书包含6个章节：第1章由卢静、王志凯、刘园、彭忱执笔；第2章由徐志杰、赵云皓、刘园、王志凯、周全执笔；第3章由徐志杰、赵云皓、辛璐、王志凯、刘园、连超执笔；第4章由辛璐、刘园、徐志杰、王青执笔；第5章由赵云皓、辛璐、徐志杰、刘园、陈南、李婕旦执笔；第6章由卢静、赵云皓、王志凯、刘园、田雪执笔。全书由辛璐统稿。

本书的编写和出版得到了国家重点研发计划“大气污染成因与控制技术研究（大气专项）”的资金资助，感谢项目负责人逯元堂研究员和项目技术负责人赵云皓高级工程师在本书研究思路与撰写提纲上的悉心指导。本书在写作的过程中得到了生态环境部科技与财务司、国家环境服务业华南集聚区有关领导和专家的大力支持，在此表示诚挚感谢。由于时间和精力有限，书中尚存在诸多不足之处，敬请读者批评指正。希望本书可以为政府部门研究制定环保产业促进政策，为环保企业了解掌握国家政策、环保产业与集聚区发展情况提供参考，为相关研究人员提供一定的借鉴和参考价值。再次诚挚地感谢两年来为本书的编写、出版等付出辛勤劳动的所有人员。

作　者

2022年6月

目 录

1 理论与概念

1.1 环保产业

1.1.1 内涵分类

环保产业是防治污染、改善生态环境、保护自然资源及实施可持续发展战略的重要物质基础和技术保障，是未来经济中最具潜力的新增长点之一。《2004 年全国环境保护相关产业状况公报》将“环境保护相关产业”定义为“国民经济结构中为环境污染防治、生态保护与恢复、有效利用资源、满足人民环境需求，为社会、经济可持续发展提供产品和服务支持的产业。它不仅包括为污染控制与减排、污染清理及废物处理等提供产品与技术服务的狭义内涵，还包括产品生命周期过程中对环境友好的技术与产品、节能技术、生态设计及与环境相关的服务等”。我国环保产业的范围（图 1-1）包含环境保护产品、环境保护服务、资源循环利用及环境友好产品（洁净产品）。

环境保护产品指用于防治环境污染、保护生态环境的设备、材料和药剂、环境监测专用仪器仪表，主要包括水污染治理设备、空气污染治理设备、固体废物处理处置与回收利用设备、噪声与振动控制设备、放射性与电磁波污染防护设备、污染治理专用药剂和材料、环境监测仪器等。

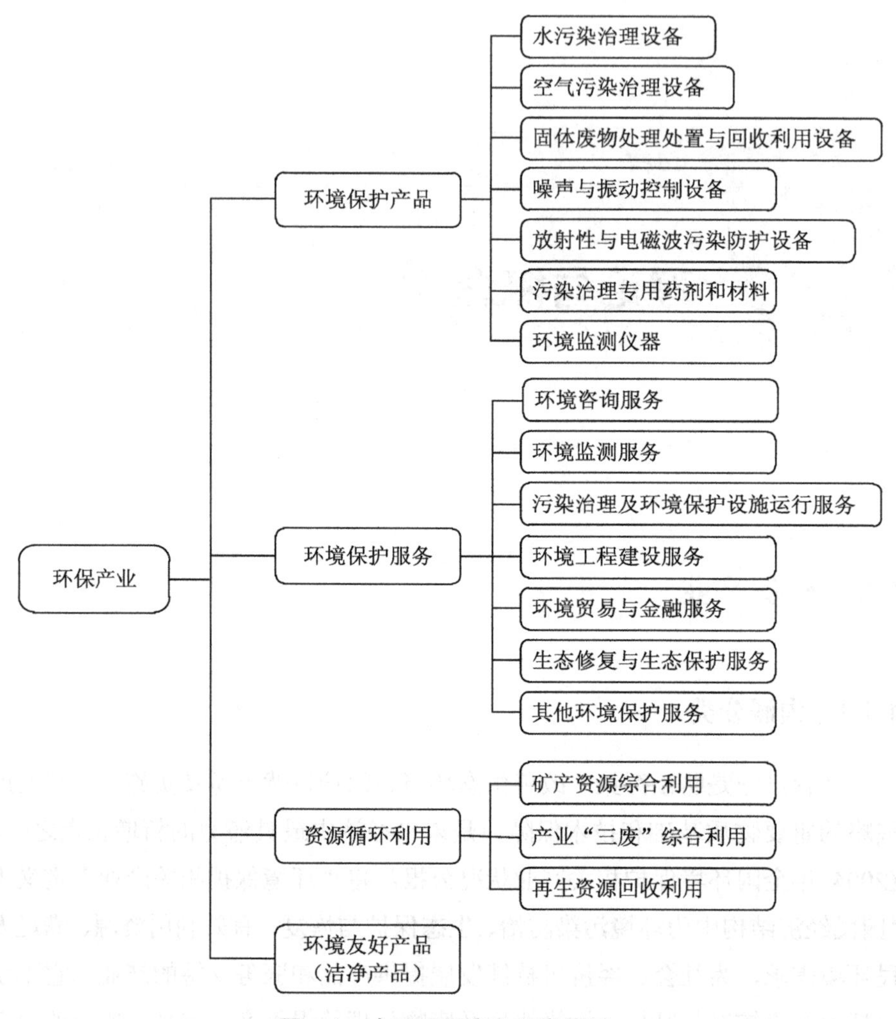

图 1-1 中国环保产业分类体系

环境保护服务指与环境相关的服务贸易活动，主要包括环境咨询服务、环境监测服务、污染治理及环境保护设施运行服务、环境工程建设服务、环境贸易与金融服务、生态修复与生态保护服务及其他环境保护服务。

资源循环利用指对废弃资源和废旧材料的加工处理，利用废弃物生产各种产品。一是矿产资源综合利用，即在矿产资源开采过程中对共生、伴生矿进行综合开发与合理利用；二是产业“三废”综合利用，即对生产过程中产生的废渣、废水（液）、废气、余热、余压等进行回收和合理利用；三是再生资源回收利用，即对社会生产和消费过程中产生的各种废旧物资进行回收和再生利用。

环境友好产品（洁净产品）指在产品的整个生命周期内（包括新产品的生产、消费及使用后的回收与再利用）对环境友好的产品。这类产品既具有一般商品的特性，又在生产、使用和处理处置过程中符合特定的环境保护要求，与同类产品相比，具有低毒少害、节约资源的环境功能。

通常所说的环保产业主要涵盖环境保护产品、环境保护服务及资源综合利用，不含环境友好产品（洁净产品）。

1.1.2 主要特征

环保产业是典型的政策驱动型产业，具有准公共物品属性。除此之外，环保产业还具有以下特征：

一是正外部性。一般产业在生产过程中不断地消耗资源，且在产品和服务进入消费领域后仍会持续地消耗资源，产生的废弃物进入环境后会导致一定的环境污染和生态破坏。而环保产业则有着“逆生产”的特征，其在创造价值的过程中突出环境效益，旨在对其他物质生产部门在生产和消费中的环境损害予以处理和还原。在产出方面，环保产业有着资源复原的功能，在一定程度上维持了经济与社会发展的平衡性，促进了经济社会的可持续发展，产生了较大的社会效益，因而具有很强的正外部性。

二是高技术和资本密集性。环保产业涉及的内容广泛而复杂，污染治理过程本身也有着很大的难度，需要建立在先进的科学技术基础上，环保产业的有效运行对环保技术有着很高的依赖性，具有高新技术属性。同时，环保产业的发展涉及大规模、高技术含量的专用设备的引入和维护，基础设施类项目还要在施工期内投入大量的建设资金，这就使环保产业对资本要素的投入要求很高，属于资本密集型产业[1]。因此，与环保相关的技术、人力资源及资本实力是环保产业发展的关键要素之一。

三是与三次产业具有高关联性。环保产业“逆生产”的本质特征决定着其与三次产业的关联度较高，是典型的“依附性产业”，其发展过程表现为不断向农业部门、工业部门和服务业部门渗透和融合[2]。一方面，环保产业在农业农村绿色低碳发展中发挥着重要作用，农村生活污水和垃圾治理、黑臭水体整治、化肥农药减量增效、农膜回收利用、养殖污染防治、生态修复等是环保产业发展的重点领域；另一方面，工业污染防治、清洁生产推广等问题也需要节能技术和环保技术的研发和应用向工业部门渗透。近年来，环境服务业发展潜力大，已成为环保产业最大的细分领域。

四是高附加值性。环保产业发展不仅对其他产业的发展具有辐射带动作用，而且可以促进我国经济结构的优化转型，并能解决能源紧张、环境污染和生态环境恶化等问题，因此具有高附加值性。环保产业产值的增长直接促进了我国国内生产总值的增长；通过产业渗透，环保产业对产业链上下游企业发挥了辐射带动作用，并间接促进了我国经济的增长；环保产业发展促进了我国企业和居民、生产和消费的节能减排，解决了环境污染和生态环境恶化的问题，进而促进了我国产业结构的优化升级和可持续发展。

五是政策依赖性。环保产业的公益性特征决定其对政策有很强的依赖性。穆勒在 1994 年《理论环境经济学》中指出，自然环境是一种公共商品或公共财产，个人没有动机去改善环境。大量研究一致认为，环境政策和制度在推动环保产业发展中起着不可替代的关键性作用，且在环保产业发展的不同阶段发挥着不同作用[3, 4]。生态环境保护任务目标的制定决定了环保产业发展的方向。严格的环境监管与环境标准有助于推动环保产业需求的释放，并将潜在的市场需求转化为现实市场[5]。

1.2 产业集聚

“产业入园”不仅便于政府管理，更重要的是有利于企业间形成地域化的网络结构，促成完整的产业链，享受更好的公共基础设施和产业激励政策。Francis 等指出，科技园区的发展需要政府提供完善的基础设施和服务[6]。Link 和 Scott 也指出，美国三角研究园的快速发展得益于其完善的基础设施和良好的创新环境[7]。Cooper 对企业进驻科技园区的动机进行了研究，发现企业普遍认为园区提供了适合技术型企业发展的技术环境和政策环境，企业入驻就是为了获得良好的创新环境[8]。Caxtells 和 Hall 通过对不同的类型、国家、发展阶段的科技园区进行综合分析，从公共管理的角度总结了园区设立的目的，即促进技术创新、加快高新技术产业集聚和加速经济发展[9]。Storeya 和 Tetherb 对欧盟 1980—1998 年科技园区的技术扶持政策进行了研究，重点研究了促进产学研合作、高级人才供给、财政支持和技术信息服务等政策的影响[10]。与之类似的，Dijk 在对印度班加罗尔地区的产业园区发展进行研究后发现，在土地使用、税收、能源供应、基础设施建设、教育培训、产业和市场政策、科研合作等方面制定针对性政策是当地科技园区快速发展的关键[11]。

1.2.1 形成机制

产业集聚是指同属于或相关于某一产业领域的企业和机构因共性和互补性而连接在一起，在某个特定地理区域内高度集中，资本要素在空间范围内汇聚的现象[12, 13]。产业集聚作为一种有效的区域经济发展模式，无论是新经济理论还是新增长理论的推论都认为产业集聚是一个国家或地区经济增长的最大动力源泉。产业集聚的形成是企业出于改善以交易成本、内部化成本和外部化价格为主的生存环境而构建的“区域联盟”，以实现规模经济效益[14]。目前，我国各级政府都将促进产业集群的形成和发展作为发展地方经济的有力手段[15]。

根据形成原因和方式的不同，产业集群可分为内生型产业集群和外生型产业集群[16, 17]。内生型产业集群，也叫自生型产业集群，指区域内由于历史偶然性或具有某种生产优势，一些家庭作坊或中小企业通过长期的产业历史积累在某个区位内集中而形成的集群，如中国宜兴环保科技工业园[18]。这些家庭作坊或中小企业的规模普遍较小，企业间的联系较少，生产工序、技术不高。针对这一类型，环保企业入园主要考虑当地可利用的生产优势、产业环境基础、市场需求与要素供给条件、产业技术知识获得的便利性等。外生型产业集群，即由政府组织主导产生的产业集群（政府主导型集群），或由科研机构吸引而形成的产业集群（科研机构吸引型集群），如江苏盐城环保科技城。对于政府主导型集群，政府通过对区域内某个地点的规划建立良好的基础设施，并通过制定相关的优惠政策和准入制度吸引企业的进入；对于科研机构吸引型集群，使企业进入的主要因素是依靠有利的研发机构，该集群具有科技先得性优势。

虽然政府政策的引导、区域宏观发展的需求等外部性条件对产业集聚的形成有着不可忽视的影响，但就大多数产业集聚来看，相较于内部性原因（以企业自身对利益最大化），外部性原因仍然不是其形成的主导因素。

1.2.2 类型划分

环保产业园区是我国发展环保产业的关键载体，我国环保产业聚集主要以园区的形式存在[19]。环保产业集聚发展将进一步激发环保企业的活力和创造力，促进内生增长动力的形成，加快实现知识和技术的溢出，降低环保企业运营成本，提升环保产业的发展速度及区域经济的发展水平。我国环保产业园区按照经营模式可分为环保装备制造业集聚区、环境服务业集聚区、生态城市建设集聚区和循环经济集聚区四类[20]。

环保装备制造业集聚区主要由环保装备产业链上下游企业构成，包括中国宜兴环保科技工业园、长沙雨花经济开发区、中节能（诸暨）环保产业园等。其中，中节能（诸暨）环保产业园通过菲达环保集团将非核心业务委托外部企业协作生产，从而吸引了天洁、信雅达等 50 多家环保企业在园区落户扎根。近年来，由于环保设备制造市场萎缩，环保企业市场竞争激烈，对此类园区的可持续发展产生了较大影响。

环境服务业集聚区以提供商业服务为主要亮点，并以此吸引产业链上下游企业入驻，如上海花园坊节能环保产业区、中国宜兴国际环保城、国家环境服务业华南集聚区等。其中，上海花园坊节能环保产业区引入了上海环境能源交易所；中国宜兴国际环保城定位为环保设备的交易展示基地；国家环境服务业华南集聚区在建设初期就由园区管委会编制了《国家环境服务业华南集聚区建设方案》，完善了基础设施，制定了一系列优惠政策，在短短的 7 年内区内企业数量由最初的 56 家增加到 250 多家。

生态城市建设集聚区致力于建设具有生态环保概念的“小型卫星城”，打造“资源节约型、环境友好型”生态宜居城市，包括中新天津生态城等。

循环经济集聚区将清洁生产和废弃物综合利用融为一体，依靠生态型资源实现循环发展。我国现阶段的循环经济集聚区主要是以废弃物处理处置及资源回收为核心的静脉环保产业园，典型代表有天津子牙循环经济产业区、佛山市南海固废处理环保产业园、河北唐山再生资源循环利用科技产业园等。

1.2.3 阶段特征

受政策变化、产业发展和产业转移、技术和社会进步、区域环境、资源条件、市场竞争等各方面的综合影响，产业集聚必然存在一个持续发展的演化过程，即产业集聚的生命周期[21]。

意大利著名集群理论家 Bruso 于 1991 年提出了集群成长两阶段理论。他认为，集群的出现大多是自发形成的，而非经过政府计划或者干预。产业集群未经政府干预而自发形成的阶段称为第一阶段。当集群达到相当规模时，政府或当地行业协会为促进产业集群健康发展会对集群的成长进行干预，如为集群提供所需要的社会服务，这被称为集群的成长阶段，即第二阶段。这种基于政府干预时机的划分方法需要对这一时机进行分析，以便政府选择恰当的时机对产业集群进行扶持，进而保障集群的发展[22]。

Michael Porter（1998）在《集群与新竞争学》及《竞争论》中对产业集群的生长和演化作了简要分析，将产业集群的生命周期划分为孕育、进化和衰退三个阶段，同时对产业集群的良性循环及其解体进行了阐述[23]。他将产业集群衰亡的原因归结为两点：一是内生因素，如集群资源优势的丧失、集体思考模式及内部创新机制的僵化等；二是外来因素，如技术上的间断性和消费者需求的转变等[24]。

奥地利经济学家 Tichy 借鉴了 Raymond Vernon 的产品生命周期理论，认为集群的能力应该放在一个较长的周期中考察。他将集群的生命周期划分为起步期、成长期、成熟期、衰退期四个阶段[25]。

Garofoli 对意大利产业集群的研究经验进行了总结，认为集群发展应该分为三个阶段。其中，地区集中、生产专业化为第一阶段，在此阶段企业因对某些特殊资源的需求（如廉价的劳动力）而集中在一起，彼此之间存在争夺特殊资源的竞争，没有太多的关联；地区生产系统化为第二阶段，在此阶段企业之间有了密切的联系，在一些相关领域开展合作；稳定系统化为第三阶段，在此阶段产业集群趋于成熟，组织结构开始稳定，集群内的组织联系密切、相互依赖。

Ahokangas 等（1999）在生物演化论的基础上对产业集群的作用机制进行了研究，认为一个典型的产业集群的生命周期应有三个阶段，即起源和出现阶段、增长和趋同阶段、成熟和调整阶段[26]。

关于环保产业集聚的阶段划分，罗茜等将中国宜兴环保科技工业园区的发展历程划分为萌芽期、成长期、成熟期和衰退期，并提出了各阶段的推进措施[27]；王月波将环保产业园分为萌芽阶段、发展阶段和成熟阶段，并分析了各阶段的驱动因素[28]。

本书将产业集聚的生命周期划分为四个阶段（表 1-1）。

表 1-1 产业集群发展不同阶段的特征对比

特征	初创阶段	成长阶段	成熟阶段	转型阶段	……
区域竞争能力	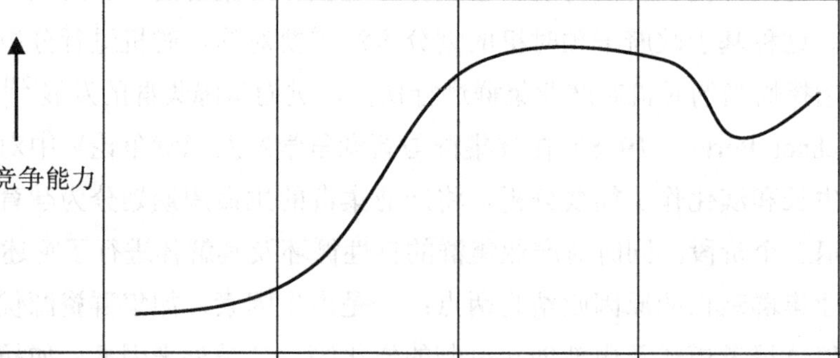				
产业规模	小	较大	大	缩小	
发展速度	较快	很快	稳定	下降	
创新能力	一般	强	强	一般	
内部产业链	开始形成	逐步完善	完善	从完善到瓦解	
专业化分工程度	松散且不稳定	逐渐稳定	稳定	从稳定到不稳定	
外部吸引力	吸引力逐渐形成	大量企业入驻，吸引力不断加强	集群趋于稳定，吸引力下降	竞争激烈，吸引力持续下降	

1. 初创阶段

产业集聚的产生往往源于多种内外在的诱因，如自然资源、技术人才或发展机遇等，通常伴随着一两家企业先在一个地区开展业务。这一阶段，企业数量、产值、专利拥有量少，规模不大，经济实力弱，企业之间相互独立或者联系松散。产业集群创新网络和相关知识体系均处于初建阶段，如大学、研究机构、金融机构、服务机构和技术服务机构尚未形成，集群内企业的技术创新行为很少，即使有也基本上是简单的模仿创新，原创性的自主技术创新基本不存在，集群企业之间合作较少。

2. 成长阶段

在龙头企业的带动下，集聚区的企业数量、专利拥有数量、产值和规模快速增加，知名度逐步提升，最显著的特征是企业的销售额、利润及就业率呈现高增长率。在成长阶段，专业化的劳动力市场和产品市场开始形成，产业集聚开始产生明显的外部经济效应，大量集聚区以外的企业迁入，企业间的合作关系也大大加强，集聚区内的企业也加快了裂变和衍生的速度[29]。随着集聚区内企业间的合作与竞争活动的增加和创新活力的提升，集聚区对各支撑机构的需求也越发强烈，更多的高校、科研院所、中介组织、行业协会参与进来，配套环境、区域创新环境和合作网络环境方面初见雏形。集聚区内部的知识和信息交流、扩散、学习及再创新活动变得非常频繁。该阶段是集聚区创新活动最活跃、对外部科技创新资源吸引能力最强、资源优化配置效率提升最快和最具生命力的时期[30]。产业集聚区内企业的地理临近性使集聚区比其他经济实体更易获得知识外溢效应。由于自主技术创新费用一般大于模仿创新，企业更加注重扩大市场和生产规模，而不愿意自己投资进行技术创新，寄希望于通过集聚区基他企业的技术创新获得技术创新外溢的好处，这便产生了自主创新“搭便车”的问题[31]。

3. 成熟阶段

随着产业集群的逐渐成熟，集聚区内各类配套基础设施已经完善，群内企业数量很多、产业链基本完整、专业化分工程度较高，企业数量、专利数量、规模、产值、市场占有率及知名度和科技创新资源拥有量达到相对较高的水平，产业集聚在规模和产值上较为稳定。企业内部的生产方式和管理模式向柔性化发展，灵活性增强，且同一产业下的企业间由简单的价格竞争向产品差异化、目标市场分层化转变。企业与企业之间、企业与组织之间形成了长期的合作关系，集聚区内的核心产业与相关上下游产业间通过要素、产品、知识、信息的高速流动形成纵横交错的网络化链条关系。集聚区内，集群主导产业的对外贸易量不断增加、竞争力提高，形成大、中、小企业适当配置的产业结构，并具有一些产品知名品牌，区域形象成熟[32]。在企业和政府区位决策的作用下，集聚区将进一步从组织化集群向创新集群过渡，并不断使集群趋于完善。

4．转型阶段

产业发展、区位优势和消费结构等因素的变化可能会导致集聚区内企业的技术创新中断、地区劳动力成本过高、需求转移，再加上产品进入生命周期的衰退期等内外部原因，集聚区就会失去竞争优势，开始在销售、利润和就业方面表现出下滑的趋势[33]。一方面，产业集聚的配套环境和创新环境开始退化，各种创新和学习活动急剧紧缩。区域内资源要素和公共物品的供给出现枯竭、拥挤、恶性竞争等现象；另一方面，集聚区内完善的基础设施、产业链、要素和产品市场等对企业的吸引力下降，而外部某一区域凭借其良好的发展空间和相同条件下优越的竞争力增加了外吸力。此外，产业集聚生命周期理论表明，并非所有产业集聚都能保持持续的竞争力，有可能会因外界和内部的力量丧失竞争地位，并逐步走向衰退。

此时，政府行为在这一过程中起着关键作用。政府通过一系列措施提高集聚区的竞争力和对企业的吸引力，引导企业的决策行为，促进集聚区的再发展，使集聚区内的产业在原核心产业的基础上升级，或出现新的核心产业并成为集聚区新的增长点。这时，企业区位决策主要是从政府行为和未来预期的角度进行考虑的，政府对集聚区转型中存在问题的积极应对和解决会对企业的预期产生影响。企业通过对其未来收益与成本、竞争力和发展空间的预期，决定是否进入或退出集群区域。

分析表明，在集聚区的初创阶段，企业从市场和成本的角度考虑，特有的要素条件和需求条件、区域的发展潜力、政策优惠等因子在决策时起到关键作用；到了成熟阶段，企业从其战略、结构和竞争的角度考虑，成长阶段决策因子的重要性有所下降，创新和合作的空间、市场条件和产业链的完善程度、产业升级速度和集体效率等因子在决策中的作用增加；在转型阶段，政府的作用在企业区位决策中的重要性再次提升，对企业的诱导作用增加，企业从政府行为和未来预期的角度进行决策。基于以上分析，可以通过对不同时期企业区位决策因子的判断把握集聚区的发展现状和前景，从而对企业的决策和政府的决策起到辅助作用。

1.3 创新创业政策

1.3.1 概念内涵

“创新”源于拉丁语，有 3 层含义：一是更新；二是创造新东西；三是改变[34]。《新华字典》中，“新”表示一种有异于旧质的状态和性质，刚有的、初始的、没有用过的或性质变得更好的，“创新”的解释为“创建新的”。《韦伯斯特词典》中，“创新”的解释是引入新东西、新概念，制造变化。熊彼特认为创新是建立一种新的生产函数，他把一种从来没有过的关于生产要素和生产条件的“新组合”引入生产体系，包括新产品、新生产方法、新市场、新材料供给、新管理[35]。“竞争战略之父”迈克尔·波特认为，创新不仅包括新技术，还包括新方法和新态度。“现代管理学之父”彼得·德鲁克认为，创新还应该包括体制、机制、法制等方面的制度创新。著名管理学家成思危教授认为，创新是指引入或产生某种新事物而造成变化[36]。一方面，创新活动源于新的技术机会或新的市场机会，激发创业者创建新企业或创新者开发新产品/新服务，从而进入创新活动的研究开发阶段；另一方面，基于研究开发成果，企业进入原型生产和批量制造阶段，并通过商业化进入市场。此外，创新过程充满了反馈，后一阶段的信息会及时反馈到前一阶段，修正创新活动，确保企业创新的成功（图1-2）[37]。迈克尔·波特在研究国家竞争力优势时，将其划分为 4 个发展阶段：生产要素驱动、投资驱动、创新驱动和财富驱动[38]。

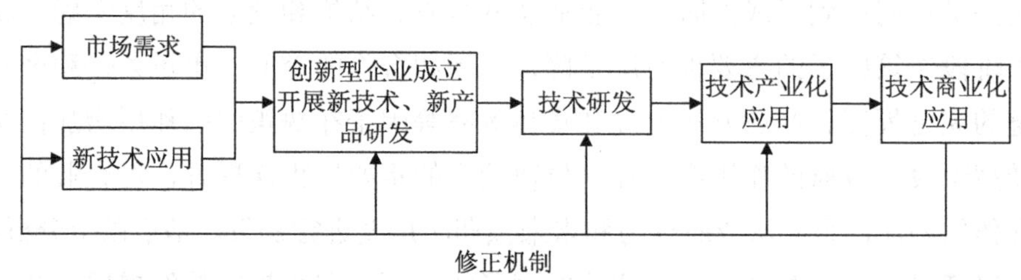

图 1-2 创新活动过程

国内关于创新的含义可以总结为 3 个方面：①创新是将新设想或新概念发展到实际应用和成功应用的阶段，是创造某种价值的实现[39]；②创新是运用知识或相关信息创造和引进某种有用的新事物的过程[40]；③除创造和引进这两种方式外，还可以通过对已有事物的改进、完善、扩展和延伸实现创新。

“创业”的含义在《英汉双解剑桥国际英语词典》里为“企业、事业（尤指可获利的）、艰巨的计划”，即创立企业的过程。《辞海》对“创业”的解释是“开创建立基业、事业”，其中“创”是“开始、开始做、始造”的意思。可以看出，“创”字包含着从无到有的意思；“业”涵盖的范围较广，包括学业、事业、家业、工作等。国外学者对于创业概念的认定主要围绕识别机会的能力、获取机会的能力、创业家自身的个性和心理特质、创建新组织与开展新业务 4 个方面。从国外学者对创业的定义来看，大部分学者侧重从某个要素或特征角度进行定义，认为创业是一个发现和捕捉市场机会，并由此创造出新产品或服务，实现其潜在价值的过程，既是一个创造、增长财富的动态过程，也是一个新组织的创建过程[41]。

创业与创新的集成研究始于 20 世纪 60 年代，管理学家逐步将创新引入管理领域。彼得·德鲁克认为“只有那些能够创造出一些新的、与众不同的事情并能创造价值的活动才是创业……创新本身就创造了资源”[42]。

熊彼特作为创新研究的开创者，同样对创业进行了研究，认为创业就是创新过程中的新组合，企业家则是以实现新组合为基本职能的人[43]。由此可见，随着创业与创新研究的深入，二者之间的交集表现得更加明显。

2015 年中央经济工作会议明确提出，坚持深入实施创新驱动发展战略，推进大众创业、万众创新，依靠改革创新加快新动能成长和传统动能改造提升。“大众创业、万众创新”成为我国经济发展新引擎。李克强总理在 2015 年《政府工作报告》中提出的创新创业，既不是一种等同于传统意义上的创业，又不是单纯的创新活动，而是一种以创新为手段最终达到创业目的的活动，如从技术、产品、品牌、服务或商业模式、管理、组织、市场等中的某一个或某几个内容点的创新而引起新变化的创业活动[44]都可称为创新创业。创新创业与传统创业的根本区别在于其创业活动是否有创新，而与创新活动的根本区别在于其最终目标是否为实现创业，只有创新或者只单纯创业都不能称之为创新创业。

根据熊彼特 I 型创新模型，创新创业大致可分为基础研究、应用研究、技术开发与扩散和市场进入四个阶段[45]（图 1-3）。

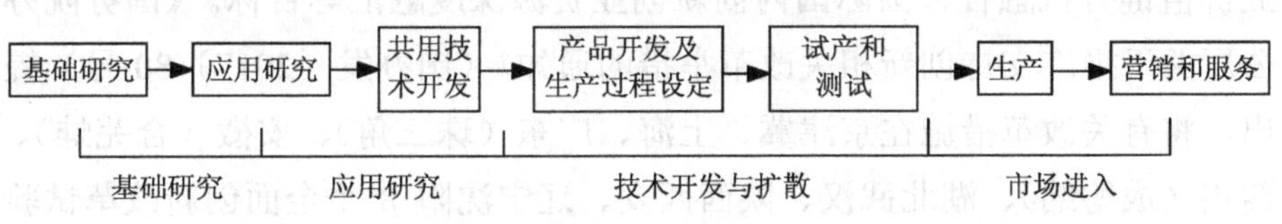

图 1-3 创新创业不同阶段示意图

良好的创新创业政策环境是中小企业可持续发展的动力，对以政策驱动型为代表的环保企业尤为重要。单纯的创新或创业都不能被称为创新创业，创新是创业的基础和前提，创业是创新的体现和延伸。因此，创新创业政策是创新政策与创业政策的有机结合。常忠义认为，区域创新创业政策支持体系是指区域政府为提高本区域创新创业能力与活力所制定的一系列公共干预的准则及所有的公共干预行为的总称[46]。夏斌认为，创新创业政策是科技创新政策和科技创业政策的有机整体，包含了政府对科技创新的促进和对先进技术产业化的支持，涉及应用理论研究、技术教育、知识产权保护、税收优惠、投资补助等，致力于营造出一个有利于创新创业机制的外部环境[47]。李婧媛认为，以增强企业创新创业能力为主要目的，政府通过对创新创业启动阶段至企业发展晚期阶段政策环境的改善，提高创新创业动力，激发创新创业精神，构建多个领域相结合的促进创新创业活动产生的政策体系[48]。

我国高度重视创新创业工作，发布实施了一系列政策文件以推进创新创业服务全面升级，推动我国高质量创新创业集聚区不断涌现。《国务院关于推动创新创业高质量发展 打造“双创”升级版的意见》(国发〔2018〕32 号）提出，“推进大众创业万众创新是深入实施创新驱动发展战略的重要支撑、深入推进供给侧结构性改革的重要途径。”通过促进创新创业环境升级、推动创新创业发展动力升级、推进创业带动就业能力升级、推动科技创新支撑能力升级、促进创新创业平台服务升级、完善创新创业金融服务、构筑创新创业发展高地、打通政策落实“最后一公里”等任务措施，实现创新创业服务全面升级、创业带动就业能力明显提升、科技成果转化应用能力显著增强、高质量创新创业集聚区不断涌现、大中小企业创新创业价值链有机融合、国际国内创新创业资源深度融汇等目标。《国务院办公厅关于推广支持创新相关改革举措的通知》（国办发〔2017〕80 号）提出，将有关改革措施在京津冀、上海、广东（珠三角)、安徽（合芜蚌)、四川（成德绵)、湖北武汉、陕西西安、辽宁沈阳 8 个全面创新改革试验区及全国推广，其中包括科技金融创新方面 3 项、创新创业政策环境方面 5 项、外籍人才引进方面 2 项、军民融合创新方面 3 项。《国务院关于强化实施创新驱动发展战略 进一步推进大众创业万众创新深入发展的意见》（国发〔2017〕37 号）提出，要加快科技成果转化、拓展企业融资渠道、促进实体经济转型升级、完善人才流动激励机制、创新政府管理方式。

1.3.2 框架分类

本书认为，创新创业政策是一种以创新为主旋律的创业政策，要突破原有创业政策框架，突出创新创业特征，涵盖资金支持、科技人才、技术研发创新、技术成果产业化、公共服务等贯穿企业创新创业全过程的政策体系，营造创新创业氛围，提高主体创新创业能力，优化创新创业环境，促进企业发展。创新创业政策框架如图 1-4 所示。

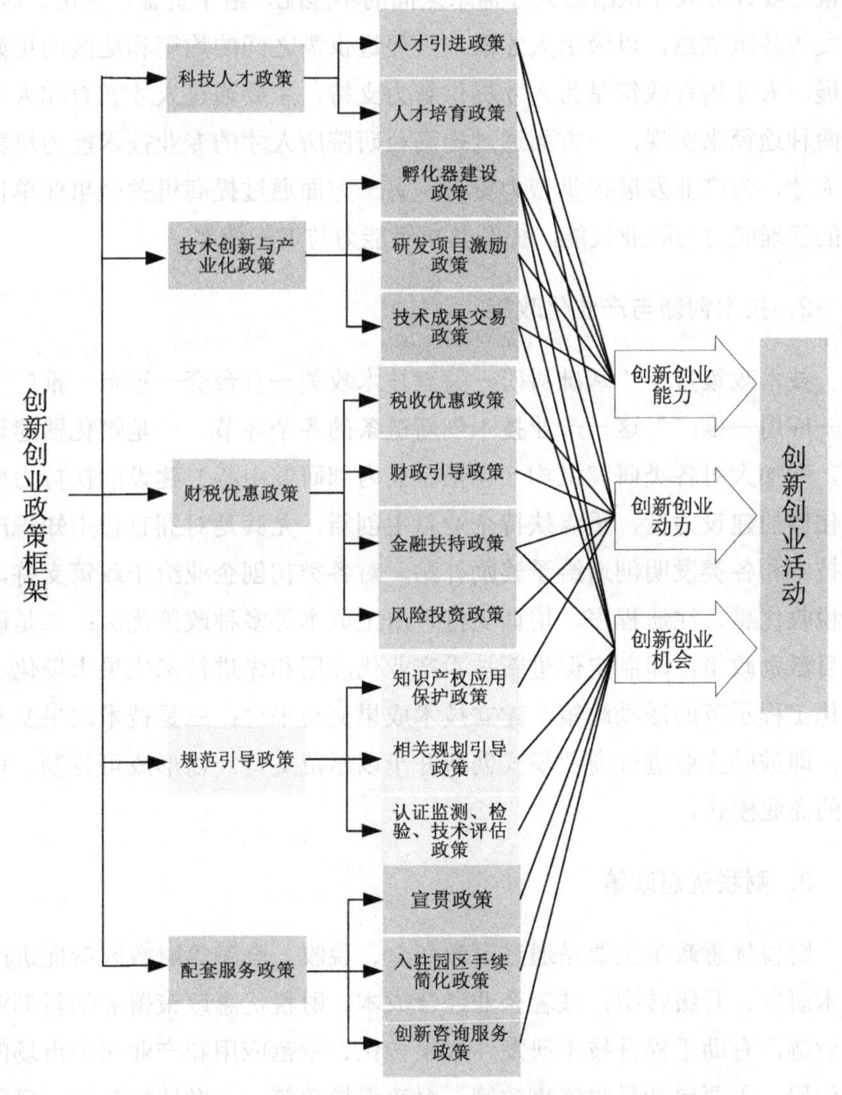

图 1-4　创新创业政策框架

1. 科技人才政策

科技人才政策包括人才引进政策和人才培育政策两个方面。人才引进政策主要针对人才供给与人才需求之间的不匹配，给予资金、住房、教育、研发等政策优惠，以吸引人才落户，促进供需之间的均衡和地区间更好的发展。人才培育政策是为人才提供智力支持，主要通过人才教育和人才培训两种途径来实现，一方面通过提高科研院所人才的专业技术能力培养相关人才，为产业发展提供智力资源；另一方面通过提高机关企事业单位人员的管理能力与职业技能，提升其决策能力与工作效率。

2. 技术创新与产业化政策

技术政策贯穿“基础科研—关键技术攻关—首台套—示范—推广—复制—应用—推广”这一产业技术创新链条的各个环节。一是孵化器建设政策，即加大对各类研究机构（包括企业内部研发中心）建设的扶持力度和孵化器的建设力度，重点扶持企业自主创新，尤其是对拥有自主知识产权的技术和各类发明创造给予奖励补贴，对各类初创企业给予政策支持，包括税收优惠、注册程序、培训支持、用工成本等多种政策优惠；二是研发项目激励政策，即制定促进新技术产业化应用和先进技术成果市场化、产业化工程示范的激励政策，建立技术成果交易平台；三是技术成果交易政策，即鼓励企业进行商业模式创新并予以示范支持，以形成可复制、可推广的商业模式。

3. 财税优惠政策

财税优惠政策主要是通过财政资金、税收、金融等财政政策促进产业技术研发、升级转型，减轻企业经营成本。财税优惠政策覆盖创新创业全产业链，有助于提升技术研发、成果转化、示范应用和产业化中市场的主体作用，主要包括税收优惠政策、财政引导政策、金融扶持政策、风险投资政策。

4. 规范引导政策

规范引导政策主要是营造公平竞争的创新创业市场环境，促进企业良性发展，包括知识产权应用保护政策，相关规划引导政策，认证监测、检验、技术评估政策。具体体现在 3 个方面：①加强规划政策引导，明确产业发展方向、重点与推进措施；②加强监督监管，推进企业信用体系建设；③加强知识产权全链条保护。

5. 配套服务政策

配套服务政策主要包括宣贯政策、入驻园区手续简化政策及创新咨询服务政策。政府通过营造良好的服务改善创新创业环境，增加创新创业活力，一方面对入园企业简化相关手续，为其提供一站式服务；另一方面加强对园区创新创业典范的宣传，让社会大众对创新创业活动更加了解和认同，激发其对创新创业的兴趣。

创新创业政策工具是政府推动企业创新创业的助推器，对创新创业的影响是全面的，主要表现在 3 个方面。①激发创新创业活动动力。政府通过财税优惠政策减轻创业者的经济和时间成本，为创业者提供创新创业服务平台；通过知识产权应用保护政策为科技创新创业提供法律保障，激发创业者的创业动力。②提升创新创业能力。一方面，通过扶持技术研发与产业化应用，提高自身的技术和业务水平；另一方面，通过开展创新创业教育培训，提高创业者的理论知识、创业技能和企业经营管理的综合素质。③增加创新创业机会。通过政策引导、金融扶持及相关配套措施，增加更多的创新创业机会。

创新创业政策的直接效应主要体现为政府支持行为直接影响创业活动，并产生积极效果。政府制定的政策直接影响创新创业活动的途径和方式有很多，包括税收、创新基金、政府项目、政府采购、孵化基地、政府服务等。一是政府直接介入创新创业活动，如提供技术服务、增加资金供给；二是政府营造创新创业环境，以协调者或促进者的身份来推动创新创业；三是政府发挥政策引导作用，如通过降低或取消税收来提高生产性创新创业的回报等。间接效应主要表现为政府是通过改善环境或政策引导等其他途径间接影响创业活动，并产生积极效果。政府的间接影响主要包括改善基础设施、完善要素市场、鼓励中介、产业引导等方面。

2 环保产业及集聚区发展总体情况

2.1 “十三五”时期环保产业发展回顾

2.1.1 环保产业相关促进政策陆续出台实施

“十三五”时期，生态环境部围绕打好污染防治攻坚战，全面实施了蓝天保卫战、柴油货车污染治理、城市黑臭水体治理、渤海综合治理、长江保护修复、水源地保护、农业农村污染治理七场标志性战役，环保产业的市场空间进一步释放。《中华人民共和国水污染防治法》《中华人民共和国固体废物污染环境防治法》重新修订，《中华人民共和国土壤污染防治法》《中华人民共和国长江保护法》正式启动实施，为环保产业新一轮的提升和发展打开了空间。中央生态环境保护督察的全面启动及常态化推进催生了潜在环保需求的市场转化。“十三五”时期，大气、水、土壤污染防治专项资金及农村环境整治资金等中央生态环境资金共计下达 2 248 亿元，有效推动了大气、水和土壤三大污染防治行动计划目标任务的落实，积极引导社会资本投入，推进环保产业发展。污水处理费、固体废物处理费、水价、电价、天然气价格等收费政策不断完善。实施污染治理第三方企业所得税税率按减 15%、部分环保设备关税和进口环节增值税免征、小微企业普惠性税收减免等税收优惠政策。设立国家绿色发展基金，深入推进绿色金融改革创新试验区建设，加快金融支持绿色发展创新，搭建社会资金投入生态环保新渠道。持续推进环境治理模式创新，引导鼓励工业园区和企业推进环境污染第三方治理，推进工业园区、小城镇环境综合治理托管服务模式试点，探索生态环境导向的开发（EOD）模式等，使环保产业迸发出新的活力。

2.1.2 环保产业规模持续扩大、贡献逐步加大

据中国环境保护产业协会的调查统计，2020 年全国环保产业营业收入约为 1.95 万亿元，较 2019 年约增长 7.3%，其中环境服务营业收入约为 1.2 万亿元，同比增长约 9.7%，从业人员超过 320 万人。图 2-1 显示了 2004—2020 年我国环保产业营业收入状况，可以看出“十三五”期间，我国环保产业营业收入持续增长但增速放缓，年均复合增长率为 14.1%。图 2-2 显示了 2004—2020 年我国环保产业贡献率及对国民经济发展的拉动作用。

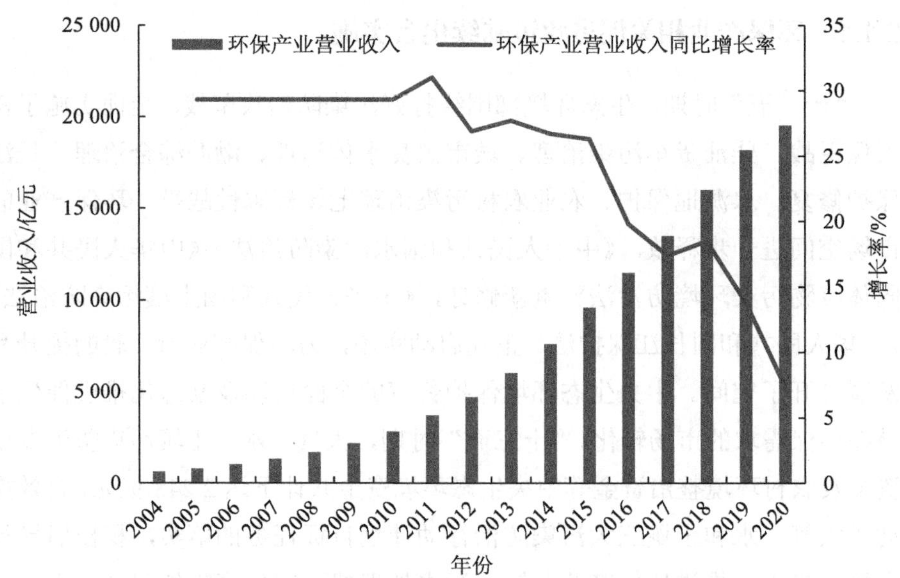

图 2-1 2004—2020 年我国环保产业营业收入状况

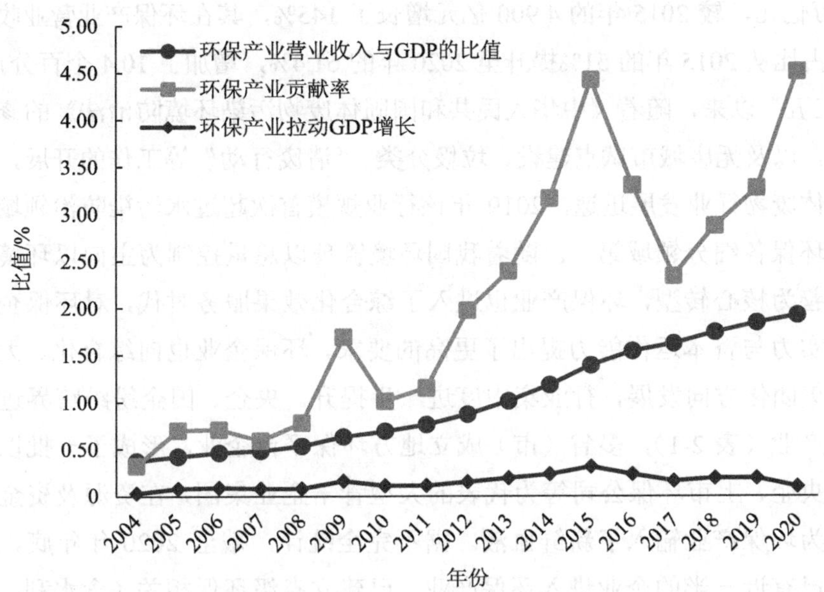

图 2-2 2004—2020 年我国环保产业贡献率及对国民经济发展的拉动作用

2020 年，我国环保产业营业收入与国内生产总值（GDP）的比值为 1.9%，对国民经济的直接贡献率[1]为 4.5%，环保产业对国民经济的贡献总体呈逐步加大的趋势。但是，我国环保产业对国民经济发展的拉动作用仍然相对较弱，2004—2015 年，我国环保产业对 GDP 增长的拉动从 0.03 个百分点扩大至 0.3 个百分点，此后环保产业对 GDP 增长的拉动作用[2]有所下降，2020 年下滑至 0.1 个百分点。

2.1.3 产业结构和集中度发生转折性改变

随着我国污染减排和环境管理目标的深化，环保产业的重心从工程建设逐步转向污染防治设施的建设和运行，由此带动了以污染治理设施运行为核心的环境服务业的快速发展。近年来，环境服务业的营业收入在环保产业中的占比不断提升（图 2-3）。2020 年，我国环境服务业营业收入为

1 产业贡献率用产业当年营收增量与 GDP 当年增量的百分比计算。

2 产业拉动指 GDP 增长速度与产业贡献率之乘积。

1.2万亿元，较2015年的4 900亿元增长了145%，其在环保产业营业收入中的占比从2015年的51%提升至2020年的61.4%，增加了10.4个百分点。“十三五”以来，随着《中华人民共和国固体废物污染环境防治法》的修订实施，以及无废城市试点建设、垃圾分类、“清废行动”等工作的开展，我国固体废物行业发展迅速，2019年该行业规模首次超过水污染防治领域，位居环保各细分领域第一。随着我国环境管理以总量控制为主向以环境质量改善为核心转型，环保产业也进入了综合化效果服务时代，对环保企业自身实力与资本运作能力提出了更高的要求，环保企业也向综合化、大型化、集团化方向发展，行业集中度进一步提升。央企、国企纷纷跨界进入环保产业（表2-1），多省（市）成立地方环保平台企业，形成了一批以环保类央企、上市环保公司等为代表的大型骨干企业集团，在资源及资金等方面为环保产业输入了新鲜血液。据不完全统计，截至2020年年底，央企中已有近一半的企业进入环保产业。已建立省级环保相关（含水利、供水）平台的公司约有28家（不含直辖市和特别行政区），其中一半以上的省级环保集团为2016年之后成立（表2-2）。四川、山西、广东、云南等省份通过战略性重组、专业化整合，优化省属企业生态环保资源配置，提升资产运营效率，打造省级环保龙头企业，推动全省环保产业做强做优做大。

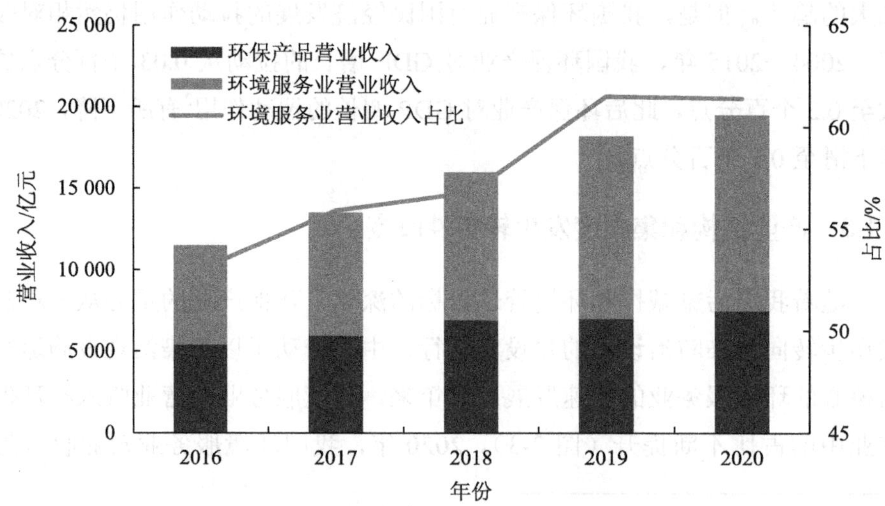

图2-3 2016—2020年我国环保产业结构变化

表 2-1 41 家央企进入环保行业情况（不完全统计）

企业名称	水务	固体废物	大气	环境修复	海洋生态环境	环境监测咨询
中国移动通讯集团有限公司						√
中国石油天然气集团有限公司			√			
中国石油化工集团有限公司	√	√	√	√		
中国建筑集团有限公司	√	√		√		
国家能源投资集团有限责任公司	√	√		√		
中国国电集团	√		√			
华润（集团）有限公司	√	√				
中国交通建设股份有限公司	√				√	
中国海洋石油集团有限公司	√					√
中国华能集团有限公司		√				
中国中铁股份有限公司	√					
中国五矿集团有限公司	√	√		√		
中国铁道建筑集团有限公司						
中国南方电网有限责任公司	√	√	√			
中国大唐集团有限公司	√		√			
中国长江三峡集团有限公司	√			√		
中国电力建设股份有限公司	√	√				√
中国核工业集团有限公司	√	√				
中国铝业集团有限公司		√		√		
中国船舶集团有限公司	√				√	
中国中化集团有限公司	√		√			
中国第一汽车集团有限公司			√			
中国航天科技集团有限公司	√					
中国建材集团有限公司						
中国中车集团有限公司	√	√			√	
中国能源建设集团有限公司	√	√		√		
中国兵器工业集团有限公司						
中国机械工业集团有限公司	√					
中国医药集团有限公司	√					
鞍钢集团有限公司		√	√			
中国航天科工集团有限公司	√	√				
中国宝武钢铁集团有限公司	√		√			
中国诚通控股集团有限公司	√		√			

企业名称	水务	固体废物	大气	环境修复	海洋生态环境	环境监测咨询
中国节能环保集团有限公司	√	√	√	√		
中国煤炭科工集团有限公司	√		√			
中国煤炭地质总局	√	√	√	√		
有研科技集团有限公司	√					
北京矿冶科技集团有限公司		√		√		
中国一重集团有限公司		√				
哈尔滨电气集团有限公司		√	√			
国家开发投资集团有限公司	√					

表 2-2 省级环保集团情况（不完全统计）

序号	名称	成立时间	注册资本/亿元	业务领域
1	四川省生态环保产业集团	2021 年 8 月（重组）	49.8	水务、大气、固体废物、土壤、生态修复、再生资源回收、碳减排等
2	广东省环保集团有限公司	2021 年 3 月（更名）	15.46	水务、固体废物、环境修复等
3	湖南湘水集团有限公司	2020 年 6 月	100	水利、水务
4	山西省黄河万家寨水务集团有限公司	2020 年 3 月（重组）	90.7	水务等
5	江苏省环保集团有限公司	2019 年 12 月	50	水务、固体废物、环境修复、监测等
6	广西环保产业投资集团有限公司	2019 年 5 月	50	水务、固体废物等
7	江西华赣环境集团有限公司	2018 年 9 月	30	水务、大气、环境修复、固体废物等
8	（河南）城发环境股份有限公司	2018 年 9 月（更名）	6.4	固体废物、水务等
9	青海环保产业集团有限公司	2018 年 11 月	0.5	水务、固体废物等
10	湖北省生态保护和绿色发展投资有限公司	2017 年 11 月	40	水务、固体废物等
11	内蒙古环保投资集团有限公司	2017 年 11 月	50	水务、大气、固体废物等
12	宁夏环保集团有限公司	2017 年 8 月	10	水务、大气、环境修复等
13	山西大地环境投资控股有限公司	2017 年 8 月	20	固体废物、环境修复等
14	浙江省环保集团有限公司	2016 年 11 月	10	水务、固体废物等

序号	名称	成立时间	注册资本/亿元	业务领域
15	海南省水务集团有限公司	2016年7月	18.15	水务等
16	新疆新能源集团环境发展有限公司	2016年5月	1.5	固体废物、监测等
17	辽宁省环保集团有限公司	2016年3月	3	水务、固体废物等
18	安徽环境科技集团股份有限公司	2015年9月	3	水务、固体废物、大气等
19	陕西省环保产业集团有限公司	2014年10月	8.67	水务、大气、固体废物等
20	四川发展环境投资集团有限公司	2013年12月	30	水务、大气、固体废物等
21	甘肃省水务投资有限责任公司	2013年7月	56.83	水务等
22	福建省水利投资开发集团有限公司	2011年11月	46	水利、水务
23	贵州省水利投资有限责任公司	2011年10月	50	水利、水务
24	云南水务投资股份有限公司	2011年6月	11.9	水务等
25	山东省水发集团	2009年11月	50	水务、固体废物等
26	河南水利投资集团有限公司	2009年12月	168	水利、水务
27	宁夏水务投资集团	2008年	11.4	水务等
28	吉林省水务投资集团有限公司	2005年4月	32	水利、水务

注：信息来自各企业网站及公开信息，以企业实际情况为准。

2.1.4 细分领域的关键技术有所创新突破

据统计，2011—2020 年我国环境保护领域发明专利申请量占全球发明专利总量的50%以上，专利申请数量在国际上处于绝对领先地位[49]。“十三五”期间，我国在环境领域部署和实施了一系列科技项目与工程，其中中央财政经费超过 140 亿元[50]。通过持续引进、消化、吸收和自主创新，环境科技领域突破了一批重大前沿与核心关键技术，涌现出一批具有自主知识产权的实用新技术，在相关工程中得到应用并逐步形成了各领域的产业体系。例如，针对不同行业的烟气脱硫脱硝已形成较为完备的技术装备体系，电除尘和袋式除尘已达到国际领先或先进水平；水处理设备集成化水平不断提高，膜技术在多种工业废水处理方面取得进展；城市垃圾处理与资源化具备了工业化技术基础，特别是大规模垃圾焚烧发电技术已经达到国际先进水平；土壤修复行业装备水平得到快速提升，形成了一批成熟的技术装备，基本能够满足工业污染场地修复治理的需求；自主研发的环境质量监测技术与仪器设备在国家城市空气质量自动监测网、重点区域和城市大气灰霾监测超级站得到大量推广应用。环保产业技术水平的提升为我国环保产业发展提供了动力和竞争力，先后崛起了一批技术创新能力较强的环保骨干企业。

2.1.5 环保产业新模式、新业态不断涌现

生态环境治理的市场化进程不断深入，生态环境治理模式、服务模式不断创新。政府与社会资本合作（public-private partnership，PPP）模式和环境污染第三方治理体系持续发展、逐步规范。EOD 模式试点工作启动，将探索生态环境治理项目与资源、产业开发项目的有效融合，解决生态环境治理缺乏资金来源渠道、总体投入不足、环境效益难以转化为经济收益等“瓶颈”问题，提升环保产业可持续发展能力。大数据、云计算、物联网等新一代信息技术正加速向环保领域融合渗透，一方面与环保技术装备融合，形成了新兴监测产品、智能环卫车、环卫机器人、智能分拣设备、智能加药系统等，提高了设备自动化、精准化水平；另一方面与环保设施运维服务融合，并在城市水务、环卫行业智慧化、危险废物处理处置、工业固体废物处理处置等领域得到应用，实现了降本增效，提升了服务水平。例如，部分地区利用新兴技术实现了危险废物产生、运输、贮存、处置/利用等全过程的数字化管理，保障了危险废物的收集率、充分资源化及最终的安全处置。

2.2 环保产业及集聚区的现状与问题

2.2.1 现状

1. 细分领域处于不同的产业生命周期

环保产业涉及的领域广泛而复杂，并与生态环境保护阶段任务密切相

关，其细分领域处于不同的产业生命周期（图 2-4，表 2-3）。在大气污染治理领域，随着我国能源结构的绿色化、低碳化发展，大气污染防治工作进入提气降碳、协同控制阶段，燃煤烟气治理市场持续萎缩并进入衰退期，钢铁、水泥、玻璃等行业受大气污染物排放标准或超低排放要求的影响，市场已逐渐释放，非电烟气治理处于发展期。二氧化碳捕集、利用与封存（CCUS）技术整体仍处于研发和实验阶段，项目及范围较小，仍处于初始期。在水污染防治领域，我国水环境产业经过近 40 年的发展，经历了工业末端治理与市政污水处理、黑臭水体防治与水环境综合治理等阶段，城镇污水处理、城市黑臭水体治理已步入成熟期，县城、建制镇污水治理市场需求逐步释放，农村黑臭水体治理、污泥处理处置、工业水处理处于发展期，污水资源化、智慧水务等细分领域处于初始阶段。在固体废物处理处置与资源化领域，固体废物源头减量和资源化利用持续推进，最大限度地减少填埋量，垃圾填埋处于衰退期，生活垃圾焚烧、医疗废物处理处置行业已处于较为成熟的阶段，场地、耕地与矿山修复、环卫、建筑垃圾资源化、餐厨垃圾处理、工业危险废物处理处置等领域处于产业生命周期的发展期，可降解塑料行业发展需求近年来逐步释放，产业处于初始期。在土壤修复领域，我国污染土壤及场地修复的技术、装备和规模化应用，尤其是关键修复装备和规模化应用与国外还存在较大差距，部分关键修复装备和修复药剂依赖进口；同时，土壤修复资金渠道单一，缺乏明确的盈利模式，市场需求释放有限，仍处于初始期。在环境监测领域，我国生态环境监测网络全面覆盖环境质量、污染源和生态质量监测，监测指标项目与国际接轨，基本实现了陆海统筹、天地一体、上下协同、信息共享，相较于水污染防治和固体废物领域，其产业规模较小，高端环境监测设备市场占有率不高，处于成熟期。

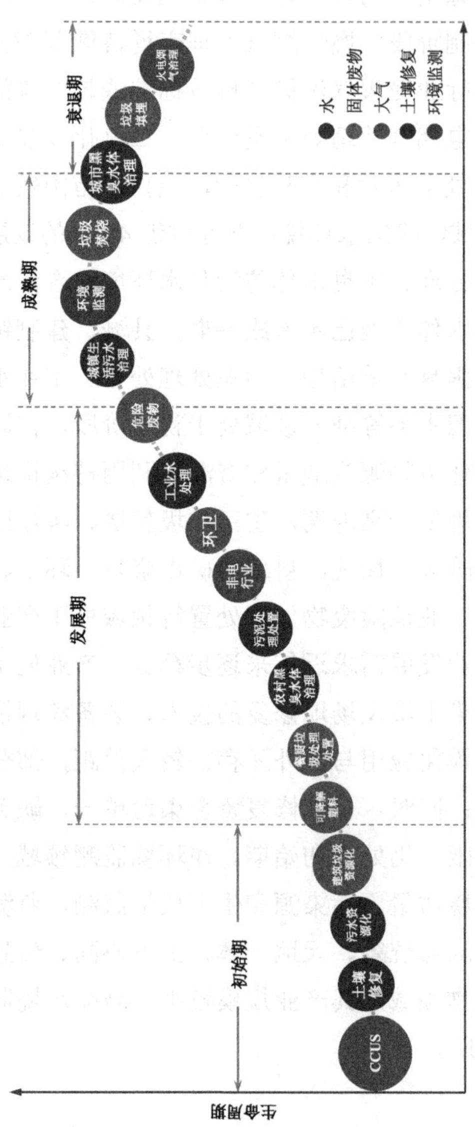

图 2-4 环保产业发展生命周期

表 2-3 产业所处不同生命周期的阶段特征

影响因素	初始期	发展期	成熟期	衰退期
产品种类	产品结构单一	产品多样化、差别化	产品标准化、成本低	产品老化、新产品出现
产业规模	产业初步形成，规模很小	规模不断扩大	形成完整的产业链，有一定规模	规模逐渐缩小
市场环境	市场不成熟，产业政策亟待建立	已有相应支持产业发展的政策	产业政策完备，市场成熟	市场缩小，政策向其他方向倾斜
市场需求	市场有一定需求	市场需求不断增大	市场需求稳定	需求减少，出现负增长
产业利润	微利甚至亏损	利润迅速增大	利润达到较高水平	利润降低
技术体系	主要技术研发取得突破	大部分产品的开发和工艺流程已解决	技术成熟，产业技术体系形成	技术落后

2. 京粤浙鄂苏鲁等地产业发展成效显著

我国环保产业的分布与我国的经济发展空间分布呈现出较高的吻合度，初步形成了“一带一轴”的总体分布特征，即以环渤海、长三角、珠三角三大核心区域聚集发展的“沿海发展带”和东起上海沿长江至四川等中部省份的“沿江发展轴”。根据 2020 年中国环境保护产业协会的统计调查结果，南方 16 省（区、市）环保产业发展状况总体优于北方 15 省（区、市），南方企业从业单位平均营业收入为 15 271.3 万元/家，比北方企业多 5 802.9 万元/家，南方企业利润率为 9.7%，比北方企业多 1.5 个百分点。长江经济带 11 个省（市）以 36.7%的企业数量占比贡献了超过四成的产业营业收入、利润及就业人员。北京聚集了较多实力雄厚的环保大中型企业，其产业贡献与华南地区基本相当。从环保业务营业收入来看，广东、北京、浙江、江苏、山东的环保业务营业收入排名前 5 位，合计占比为 59.1%。从营业利润来看，排名前 5 位的省（市）为广东、北京、江苏、山东、湖北，合计占比为 65.1%。

3. 细分领域的商业模式日趋成熟

环境保护市场化的核心动力是环境保护和企业排污的外部成本内部化，

其成本内部化的方式决定了产业形态与商业模式。伴随环境保护市场化的改革进程，环境保护各细分领域的商业模式基本成熟。工业废水、固体废物、大气、污染场地等工业污染治理项目按照“谁污染、谁治理”和“谁污染、谁付费”的原则，责任主体为污染企业，治污成本已纳入企业经营成本，项目组织方式通常采用工程总承包（engineering procurement construction，EPC)、环境污染第三方治理、建设-经营-转让模式（build-operate-transfer，BOT)、建设-拥有-运营模式（build–own-operate，BOO）等，主要带动环保装备产品的发展。城镇污水、垃圾等市政环境基础设施领域项目按照“谁污染、谁付费”“谁受益、谁付费”的原则，责任主体为社会群众，由于当前使用者付费不到位，尚不能涵盖环境治理成本，通常还需要政府承担部分污染治理费用。水体、农田修复等纯公益性的生态环境治理、环境质量监测项目主要是政府事权项目，难以收取针对性的费用，通常采用政府购买服务的方式，或探索环境治理项目与经营开发项目组合开发的模式，健全社会资本投资环境治理的回报机制。工业园区的污水处理、危险废物处理处置、建筑垃圾处理处置、园区环境监测项目介于工业污染治理与市政环境领域项目之间，部分需要政府付费。而农村污水、垃圾处理等由于尚未形成使用者付费的机制，大部分主要依靠政府付费。环境保护细分领域项目的组织实施方式如图 2-5 所示。

成本内部化方式	水环境产业	固体废物产业	大气产业	土壤修复	环境监测	产业主要形态	商业模式 项目组织实施方式
谁污染、谁治理（纳入企业成本）	工业污水处理	工业固体废物	脱硫、脱硝、除尘、VOCs 治理	工业污染场地管控与修复	污染源自动监测	产品设备销售	EPC、特许经营（BOT）
	工业园区水处理	危险废物			园区环境监测		
谁受益、谁付费（使用者付费+政府付费）	供水、污水管网、城镇污水处理、污泥处理处置、污水资源化	垃圾焚烧、餐厨及其他有机垃圾、环卫、建筑垃圾、医疗废物、垃圾渗滤液				投资建设+资产运营	PPP、按效付费、BOT、EPC
	农村水环境治理	农村垃圾处理					
政府购买服务（纯政府付费）	黑臭水体治理、水体修复			农田管控与修复	生态环境质量监测	修复工程	EOD、EPC/PPP

图 2-5　环境保护细分领域项目的组织实施方式

4.“国进民退”促使环保企业分工更加精细化

自 2014 年以来，中共中央、国务院、财政部、国家发展改革委、生态环境部等陆续出台了一系列 PPP 政策文件，鼓励地方政府采用 PPP 模式撬动社会资本投资生态环境保护领域。在政策和资本的驱动下，部分环保企业盲目扩张，承揽巨量与自身实力不匹配的 PPP 项目，由此带来 2018 年 A 股环保板块“领跌”，跌幅达 40.76%，大部分龙头企业利润和市值下滑缩水。桑德、东方园林、碧水源、博天环境、国祯环保等头部民营企业普遍面临融资难融资贵、市场信心不足等诸多发展困境，通过被国有企业接管或出让企业控制权的方式自救，环保产业“国进民退”现象在逐步显现。“十三五”时期以来，生态环境治理项目趋向“打捆”实施，呈现覆盖范围综合化、投资规模大型化、绩效要求高标准等特点，对社会资本方的自身实力和资本运作能力提出了更高的要求。国有企业凭借其较强的融资与资源整合能力，承接区域性的环境综合治理、流域治理及污水、垃圾环境基础设施等重资产项目，而民营企业则在细分领域深耕细作，运用其特有的专业性、技术产品和服务为环保工程实施提供设备、材料等配套服务。表 2-4 列举了 2019—2020 年环保产业部分典型投资并购事件。

表 2-4　2019—2020 年环保产业部分典型投资并购事件（不完全统计）

序号	时间	被收购方	收购方
1	2019 年 1 月	北控水务	长江电力（三峡集团）
2	2019 年 11 月	启迪环境	雄安集团（雄安新区管委会控股基金）
3	2019 年 7 月	碧水源	中国城乡（中国交建）
4	2019 年 4 月	清新环境	国润环境（四川省国资委）
5	2019 年 5 月	博世科	广西环保产业投资集团（广西壮族自治区国资委）
6	2019 年 6 月	三维丝	周口市城投（周口市国资委）
7	2019 年 6 月	锦江环境	浙江能源香港控股有限公司（浙能集团）
8	2019 年 8 月	东方园林	朝汇鑫企业管理有限公司（北京朝阳区国资委）
9	2019 年 9 月	国祯环保	长江环保集团 & 三峡资本（三峡集团）
10	2019 年 9 月	中持股份	宁波杭州湾新区人保远望启迪科服股权投资中心（有限合伙）（人保资本投资管理有限公司）

序号	时间	被收购方	收购方
11	2019年10月	雪浪环境	新苏环保产业集团（江苏常州高新区国资委）
12	2019年10月	华控赛格	国投绿色能源（山西省国授）
13	2019年12月	维尔利	常州新北区壹号纾困股权投资中心（有限合伙）
14	2020年8月	碧水源	中交集团-中国城乡控股
15	2020年12月	康恒环境	上实控股
16	2020年11月	国祯环保	中节能
17	2020年9月	铁汉生态	中节能
18	2020年12月	博世科	广州环保投资集团
19	2020年10月	雪浪环境	新苏环保-常州市新北区人民政府
20	2020年7月	富春环保	天水集团-南昌市国资委
21	2020年12月	中持环保	三峡集团-长江环保集团
22	2020年11月	北控水务	三峡集团-长江环保集团
23	2020年10月	世浦泰集团	三峡集团-长江环保集团

5. 环保产业集聚区建设进入提质增效阶段

我国环保产业的快速发展推进了环保产业发展集聚的趋势不断显现[51]。我国环保产业园在以环保产业为主导的聚集区基础之上不断发展壮大，涵盖了污染治理、资源再生利用、绿色产品制造等多个领域，对促进我国产业集聚形成上下游产业链，通过产业聚集形成区域品牌、资源共享及相关扶持政策落地均发挥了重要作用[52]。我国环保产业集聚区主要集中在长三角、环渤海和珠三角地区，产业集聚效应显著，特别是“十二五”时期以来，我国环保产业集聚区建设进入了提质增效阶段。据不完全统计（表 2-5），由原国家环保总局批准的国家环保科技产业园区有 9 家、国家级环保产业基地有 3 家，其中东部地区 7 家、西部地区 3 家、中部地区 2 家；国家批复的其他环保产业集聚区有 5 家；由各省（区、市）批准建设的省级环保产业园有 28 家[53, 54]。

表 2-5 环保产业园建设情况汇总

序号	园区类型	批复时间	园区名称	所在城市	发展重点
1	国家环保科技产业园区	2001 年	苏州国家环保高新技术产业园	江苏省苏州市	水污染治理设备、空气污染治理设备、固体废物处理设备、风能设备与技术、太阳能技术与设备、电池修复
2		2001 年	常州国家环保产业园	江苏省常州市	节水和水处理技术、大气污染治理技术、环境监测技术、节能和绿色能源技术、资源综合利用技术、清洁生产技术
3		2001 年	南海国家生态工业建设示范园区暨华南环保科技产业园	广东省南海区	集环保科技产业研发、孵化、生产、教育等于一体
4		2001 年	西安国家环保科技产业园	陕西省西安市	以科技服务产业为核心，发展环境友好型产品和环保设备
5		2002 年	大连国家环保产业园	辽宁省大连市	以“三废”和噪声治理设备及产品、监测设备及产品、节能与可再生能源利用设备及产品、资源综合利用与清洁生产设备、环保材料与药剂、环保咨询服务业为主导产业
6		2003 年	济南国家环保科技产业园	山东省济南市	开发环保、治水、治气、节能、新材料、新能源等高新技术产品的研发和产业化基地
7		2005 年	哈尔滨国家环保科技产业园	黑龙江省哈尔滨市	清洁燃烧及烟气污染物控制技术与装备、典型重污染行业废水处理技术与装备、城镇污水资源再生利用核心技术与装备

序号	园区类型	批复时间	园区名称	所在城市	发展重点
8	国家环保科技产业园区	2005 年	青岛国际环保产业园	山东省青岛市	以企业为主导，以循环经济概念为开发理念，定位为中外产业合作的主体平台
9		2014 年	贵州节能环保产业园	贵州省贵阳市	节能环保装备制造、资源综合利用和洁净产品制造、环境服务业，产、学、研为一体（中节能）
10	国家级环保产业基地	1997 年	沈阳市环保产业基地	辽宁省沈阳市	现代装备制造业基地，发展再生资源产业，打造规模化、现代化环保产业示范基地，涉及大气污染治理设备、水污染治理设备、固体废物治理设备、噪声控制设备、专用监测仪器仪表及环保材料药剂六大类
11		2000 年	国家环保产业发展重庆基地	重庆市	以烟气脱硫技术开发和成套设备生产为重点，逐步开发适合西部发展需求的生活垃圾处理、城市污水处理及天然气汽车的相关技术和设备
12		2002 年	武汉青山国家环保产业基地	湖北省武汉市	固体废物资源综合利用和脱硫成套技术与设备
13	国家批复的其他环保产业集聚区	1992 年	中国宜兴环保科技工业园	江苏省宜兴市	环保（除尘脱硫技术）、电子、机械、生物医药、纺织化纤
14		2000 年	北方环保产业基地	天津市津南区	水处理技术与装备、脱硫除尘设备、固体废物处理处置、膜技术与应用产品
15		2002 年	北京环保产业基地	北京市通州区	重点发展能源环保专业服务业、能源环保制造业核心生产和总装环节，积极发展与能源环保产业和基地发展相配套的金融、会计、咨询、会展等商务服务业

序号	园区类型	批复时间	园区名称	所在城市	发展重点
16	国家批复的其他环保产业集聚区	2009 年	江苏盐城环保产业园	江苏省盐城市	环保装备制造、节能设备、水处理、大气污染防治、固体废物利用
17		2011 年	国家环境服务业华南集聚区	广东省佛山市	污染治理设施社会化运营管理服务、环境技术服务、环境金融与环境贸易服务
18	省级环保产业园（部分）	2011 年	河北香河京东环保产业园区	河北省香河市	节能环保
19		2006 年	中关村科技园区通州金桥科技产业基地（前身为北京国家环保产业园）	北京市	能源环保产业
20		2007 年	上海国际节能环保园	上海市	节能产业（照明节能，建筑节能）、环保产业（空气污染治理、节能与可再生能源利用）
21		2009 年	上海花园坊节能环保产业区	上海市	节能环保产业和技术（间接节能、智控节能、建筑节能）
22		2014 年	邯郸节能环保产业园	河北省邯郸市	节能环保设备制造、节能新材料研发生产、资源综合利用、节能环保技术服务与研发、脱硫脱硝除尘设备
23		1998 年	重庆九龙节能环保产业园	重庆市	节能环保产业
24		1998 年	长江节能科技产业园	江苏省苏州市	围绕“节能新技术研发与产业化”主题、创建“节约型社会”的示范窗口
25		2001 年	天津子牙循环经济产业区	天津市	第七类废旧物拆除（人工拆解、大气环境友好）
26		2017 年	烟台国际节能环保科技园	山东省烟台市	高端节能产业

序号	园区类型	批复时间	园区名称	所在城市	发展重点
27		2017 年	佛山市顺德环保科技产业园	广东省佛山市	环境监测设备（水、气、土壤）、固体废物处理设备及系统集成新建项目
28		2009 年	天津宝坻节能环保工业区	天津市	高附加值的脱硫除尘、海水淡化和污水处理设备、稀土节能灯具、LED 发光产品和工业用高效节电器、金属航空新材料、热固塑料复合材料
29		2013 年	中节能（三明）环保产业园	福建省三明市	节能环保产业运营平台
30	省级环保产业园（部分）	2008 年	湖北鄂州经济开发区	湖北省鄂州市	大气污染防治、水污染防治、城乡生态环境治理、资源回收利用
31		2014 年	石家庄节能环保产业园	河北省石家庄市	大气污染防治、水污染防治、固体废物处理等技术和设备产业化
32		2015 年	扬州环保科技产业园	江苏省扬州市	城市生活垃圾及工业废物处理与利用、城市建筑垃圾再生利用、电子废弃物资源化利用、污水处理、空气治理等环保装备
33		2016 年	瑞金台商产业园	江西省瑞金市	节能环保、新材料
34		2010 年	江苏省泰兴环保科技产业园	江苏省泰兴市	环保设备、节能电器、绿色家俬、高端装备、环保服务

2.2.2 问题

1. 技术水平与发达国家存在差距

近几年，通过自主研发与引进消化国外先进技术等方式，我国环保技术与国际先进水平的差距不断缩小，一般技术与产品可以基本满足市场需要，燃煤锅炉和工业炉窑电除尘、布袋除尘等部分技术已达到国际先进水平。但是，我国环保原创性技术数量少，技术整体水平仍落后于发达经济体 5～10 年，尤其是“卡脖子”的关键技术问题亟待破解，部分新材料、监测设备技术等高度依赖进口。环保技术装备化、装备模块化、模块标准化程度低，标准化水平提升空间大。技术产品服务的低端供给过剩、高端供给不足，以单一要素、单一环节服务为主，综合服务、系统服务、咨询服务和运营服务能力水平不足。我国拥有的环境监测核心专利总数虽仅次于美国，但高端仪器产品往往存在精度差、性能不稳定、数据不可靠、一致性差等质量问题，部分产品也未能通过计量认证与环保认证，往往依赖进口，如国产光谱仪、质谱仪、色谱仪等高端仪器市场占有率仅为 20%、15%、27%，严重依赖进口。2019 年光谱仪、质谱仪和色谱仪的贸易逆差分别为 37 亿元、87 亿元和 61 亿元。我国重点领域环境技术竞争优劣势情况见表 2-6。

表 2-6 我国重点领域环境技术竞争优劣势情况

序号	分类	优势	劣势
1	电除尘	电除尘技术、设备处于国际先进水平，完全满足国内需求，免检出口，价格有优势	大功率高频电源、脉冲电源不及进口
2	袋式除尘	袋式除尘技术、设备处于国际先进水平，可以满足国内需求，免检出口，价格有优势	对位芳纶帆布、脉冲阀膜片材料、回流式高压水喷枪需进口或不及进口
3	脱硫	已经全面国产化，替代进口，并有部分出口，部分技术达到国际先进水平，甚至是国际领先水平	叶轮主要用于脱硫循环泵和其他液流循环设备，其国产设备寿命和能效指标差距较大
4	VOCs 治理技术装备	一般的废气净化技术设备满足国内需求	油气回收技术专用活性炭，对进口还有较大依赖；氧化催化剂的性能和国外同类材料相比尚存在差距
5	机动车尾气净化	可满足部分在用车尾气净化需求，摩托车大部分采用本国技术产品	柴油颗粒过滤器（DPF）、选择性催化还原（SCR）等污染控制装置核心零部件及排放控制系统核心技术依赖进口

序号	分类	优势	劣势
6	城市污水处理与再生利用	自行设计、建设城市污水处理设施，技术与设备达到国际水平，能满足国内需求，价格有优势	膜材料，如聚砜（PSF）原料、乙烯（PE）无纺布等，主要用于水处理膜元件、膜组器件，高度依赖进口
7	工业废水处理与循环利用	工业废水处理技术基本与国际水平相当，基本能满足需求，价格有优势	部分含难降解、难处理污染物的工业废水处理技术尚待开发，部分机械设备质量与国际水平有差距，部分高端技术设备、材料需进口
8	噪声振动控制	噪声振动控制技术水平处于国际先进水平，微穿孔板吸声材料吸声结构、微穿孔板消声器、小孔喷注高压排气消声器处于领先水平，价格有优势	噪声与振动源分析预测技术、噪声与振动设备计算机辅助设计制造技术、高速运输系统噪声与振动控制设备研究、新材料研究开发与发达国家有差距；企业规模小、加工精度较差
9	固体废物处理	工业固体废物资源回收利用可满足国内需求，垃圾卫生填埋、渗滤液处理均可满足要求	焚烧关键零部件需进口；厨余垃圾分类效果不佳，处理后的肥料消纳途径存在障碍，设施稳定运行难、处理成本高
10	监测仪器	一般计量、监测仪器可满足国内需求	质谱仪、色谱仪和色谱控温组件等关键零部件需进口，部分标准气体、高端产品需进口

2．环保龙头企业少、带动效应不足

据统计，我国环保企业 90%以上为小微企业。近年来，虽多家大型央企通过并购等手段进入环保领域，地方政府也纷纷成立环保公司，但总体上仍处在资本驱动型发展阶段，尚未形成具有全球影响力（如法国威立雅环境集团）的龙头企业和品牌，环保产业细分领域市场集中度低。以全球资源优化管理领域的标杆企业威立雅为例，其业务遍布五大洲，拥有员工近 17.8 万名，2020 年综合收入达 260.1 亿欧元，已逐渐转变成资源整合管理者，业务范围涵盖节约资源、保护环境、循环利用和可持续的经济及社会发展等。美国危险废物 CR4 处理企业的市场占有率为 94%，而我国危险废物 CR10 的市场占有率不足 10%。同时，环保产业集聚区内的产业链建设

不完善，缺少能够带动大量产业配套的延展型产业链条，产业链条不长，上下游关联企业规模偏小，缺少区域内自我配套能力，行业延伸、集聚效应尚未能显现。

3．成本内部化和回报不足、短板突出

排污成本内部化和生态环境效益内部化的机制尚未全面打通，环保产业发展的市场价格机制不尽完善，资源性产品价格和收费体系中未充分体现环境成本，使用者付费原则未得到真正落实，合理的费用分担机制尚未形成。生态环保项目自身的造血能力差，项目资金来源主要依靠地方公共财政预算，辅之以少量的使用者付费，而地方因财政收支困境及债务压力不断加大，其支付能力也将受到严峻挑战，从而加大了环保项目的投资风险。2019—2021 年的环保产业统计调查数据显示，环保企业的资产周转率约为 0.5，营业收入账款周转率约为 3.2，其资产营运能力亟待提高，应收账款回款问题较突出，项目拖欠款现象比较普遍。

4．市场规范性有待加强

由于知识产权保护不力、行业准入门槛低、从业单位多而小，我国环保产业的总体从业水平较低，同质化竞争严重，低价中标现象仍然普遍存在，行业平均收益逐年下滑。在项目实施中建设与运维割裂，过于重视工程建设，缺乏长效运维机制。在招标中以企业的资金实力、报价高低作为衡量标准，而弱化了对运营维护环境效果的考核要求。对于企业而言，更倾向于获取回报相对较高、周期较短的工程施工利润，而不愿参与周期长、回报低、风险高的运营服务。在当年的 PPP 热潮中，多家环保龙头企业“大干快上”拼抢市场，部分项目存在立项手续不完整、银行融资停顿、企业内部项目管理流程粗糙等问题，导致后期存在烂尾工程。部分环境监测社会化服务机构由于低价竞争，产生了数据造假、运维不规范、信任危机等一系列问题。加之，我国环保企业信用评价机制起步晚、覆盖范围有限、信息公开不够、社会监督不足，行业规范发展仍需加强。

5．集聚区发展参差不齐

当前我国环保产业集聚区的发展阶段和开发模式各不相同，发展情况参差不齐，存在的问题也各种各样。

一是许多环保产业集聚区名不副实。一些园区虽然挂着环保产业园区的招牌，但入驻的环保企业比例很小，与普通的工业区或开发区没有多大区别。更有甚者，一些环保产业园区虽已挂牌，但集聚区实体并不存在，成为“空中楼阁”，环保产业园成了一些开发商圈地的幌子。

二是园区以初创阶段和成长阶段为主，环保企业活力不强。我国环保产业集聚区大多处于初创阶段，少数园区进入成长阶段，园区创新创业体系和公共服务能力不强，环保产业对于支撑污染防治攻坚战仍存在明显短板，如科技创新不够、产业技术储备不足、商业化模式缺乏、融资环境困难等。

三是大量环保产业园区缺乏吸引力。现有的环保产业园区普遍存在凝聚力和吸引力不强的问题，缺乏针对性的政策设计和政府引导，使集聚效应难以形成，对产业的促进作用微弱。园区政策体系作用力不强，园区内的企业缺乏关联配套和分工协作，产业链较短，产业基础的优势无法发挥。

四是缺乏宏观规划和引导。国家对于环保产业聚集区建设在政策方向上不明确，对于是否要大力发展环保产业聚集区在政策方向上也并不明朗。政策大方向的不明确使环保产业聚集区发展所需的一系列配套工作，如各项优惠政策、发展规划的制定，相关管理部门的权责分配等难以有大的推进。获批建设的环保产业园区在缺乏政策支持的情况下踯躅前行。在具体政策的出台上，不仅没有直接针对环保产业聚集区的具体政策，即使是更宽泛的与环保产业相关的鼓励政策也大多停留在原则性层面，操作性不强，难以在实际中有效落实，园区和企业很少获得来自环保产业政策方面的切实帮助。由于政策上的不到位，环保产业园区相对于高新技术园区等其他类型的园区，缺乏特色和竞争优势，其自身的经营和对外部企业的吸引力都受到影响。普遍发展缓慢的状况又进一步增加了国家对建设环保产业园区的疑虑。

2.3 “十四五”时期环保产业及集聚区发展趋势

党的十九大对生态文明建设提出了一系列新理念、新要求、新目标、新部署，明确要求推进绿色发展、着力解决突出环境问题、加大生态系统保护力度，并把壮大环保产业作为推进绿色发展的重要抓手。《中共中央关于制定国民经济和社会发展第十四个五年规划和二〇三五年远景目标的建议》中从需求侧和供给侧提出了推动环保产业增长新引擎的方向，即培育新技术、新产品、新业态和新模式。环保产业作为生态文明建设和实现碳达峰、碳中和目标（以下简称“双碳”目标）的重要支撑，将迎来重要的发展机遇。

2.3.1 新机遇与新挑战

一是绿色发展成为“主旋律”，全球产业深刻变革。“绿色复苏”“绿色、包容、可持续复苏”“绿色转型”“可持续发展”等倡议成为全球主要国家、城市复苏的指导理念。当前，世界正面临着以信息技术、新能源技术为代表的新一轮技术革命和产业变革，这将对现有的生产、管理和治理系统带来革命性变革。新技术一方面将融入环保产品研发、设计和制造过程，推动环保产品由大批量、标准化生产转向智能化、个性化定制生产，大幅提升产业发展能级和发展空间；另一方面将打破传统封闭式的装备制造流程和服务新业态，促进装备制造业和服务业在产业链上融合发展。

二是绿色低碳循环发展，引领环保进入全新阶段。《中共中央关于制定国民经济和社会发展第十四个五年规划和二〇三五年远景目标的建议》中明确到2035年基本实现美丽中国建设目标，到本世纪中叶建成美丽中国，指出要通过形成绿色生产生活方式和碳达峰来推动生态环境质量的根本好转和美丽中国建设目标的基本实现，在推动绿色低碳发展中解决生态环境问题。实现“双碳”目标，需要从源头减量、能源替代、资源回收利用、节能提效、工艺改造、碳捕集等方面全方位、多举措进行推进，环保产业作为实现“双碳”目标的重要保障，已经不仅仅是末端治理，而是要面向全新的绿色低碳循环发展经济体系，与清洁能源、清洁生产、节能、节水、资源综合利用等产业进一步融合发展。我国深入打好污染防治攻坚战、推动实现“双碳”目标、建设美丽中国、加快绿色发展转型，为基金投资绿色领域带来最大机遇。

三是减污降碳协同并进，环保市场空间持续释放。“十四五”期间，生态环境保护将按照“提气、降碳、强生态，增水、固土、防风险”的思路推动生态环境持续改善，基本消除重污染天气和城市黑臭水体，主要污染物排放总量持续减少，碳排放强度持续下降。深入打好污染防治攻坚战意味着触及的矛盾和问题层次更深、领域更宽，对生态环境质量改善的要求更高。当前生态环境保护工作的重心还在城市，尤其是地级以上城市，推动环境治理（如黑臭水体治理）从地级市向县级市、乡镇、农村地区扩展延伸势在必行。《关于构建现代环境治理体系的指导意见》提出将建立健全环境治理的领导责任体系、企业责任体系、全民行动体系、监管体系、市场体系、信用体系、法律法规政策体系等涵盖从源头严防、过程严管、后果严惩到损害赔偿的全链条生态环境管理制度。随着中央生态环境保护督查的持续推进、环境管理制度的不断完善，环保产业的市场空间将被进一步释放，环保产业将更好更快地提升服务能力和服务水平，延伸服务内容，为污染防治攻坚战提供全方位的服务。据生态环境部环境规划院测算，要实现我国“十四五”环境治理目标，生态环境投资需求为6.8万亿～8万亿元，年均投资需求为1.4万亿～1.6万亿元；要实现2030年前碳排放达峰目标，年资金投入需求约为2.1万亿元。预计到2025年，我国环保产业营业收入有望突破3万亿元[55]。

四是生态产品价值实现机制不断完善，提升环保产业价值创造能力。推动生态产品价值实现，构建“绿水青山”向“金山银山”的转化通道，是践行习近平生态文明思想的根本路径。《中共中央关于制定国民经济和社会发展第十四个五年规划和二〇三五年远景目标的建议》中明确提出，“健全自然资源资产产权制度和法律法规，加强自然资源调查评价监测和确权登记，建立生态产品价值实现机制，完善市场化、多元化生态补偿。”2021年2月19日，中央全面深化改革委员会第十八次会议审议通过了《关于建立健全生态产品价值实现机制的意见》，标志着生态产品价值实现机制被纳入中央重大改革部署。预计“十四五”期间，“绿水青山”向“金山银山”的转化体制机制将不断健全，碳排放权、用能权、排污权、水权等交易机制不断完善，生态环境保护者受益、使用者付费、破坏者赔偿的利益导向机制不断健全，探索政府主导、企业和社会各界参与、市场化运作、可持续的生态产品价值实现路径，推进生态产业化和产业生态化。在此背景下，以“绿水青山就是金山银山”理念为指引，充分挖掘利用生态资源，通过市场交易、产业化经营、生态补偿等方式将生态产品的外部效益转化为经济价值，实现生态系统服务增值的生态产品服务业有望形成新的经济增长点。

五是各项环境经济政策不断完善，产业发展环境持续改善。习近平总书记在全国生态环境保护大会上指出，要充分运用市场化手段，推进生态环境保护市场化进程，撬动更多的社会资本进入生态环境保护领域。2020 年，经国务院批准，财政部、生态环境部、上海市人民政府三方发起成立国家绿色发展基金并正式揭牌运营，首期募资 885 亿元，吸引社会资本投入大气、水、土壤、固体废物污染治理等外部性强的绿色发展领域，助力打好污染防治攻坚战，支撑生态文明和美丽中国建设。2021 年，生态环境部、国家开发银行发布了《关于深入打好污染防治攻坚战共同推进生态环保重大工程项目融资的通知》（环办科财函〔2021〕158 号），要求发挥部行合作优势，共同加大生态环保重大工程项目融资，对符合放贷条件的项目给予优惠信贷政策支持，培育环保产业新的增长点。国家开发银行实施“百县千亿”专项金融服务，推进县（区）域垃圾、污水处理，拟为不少于 100 个县（区）提供 1 000 亿元授信。各项绿色金融政策的落地实施，有望缓解生态环保项目投融资渠道不畅等“瓶颈”问题。《关于完善长江经济带污水处理收费机制有关政策的指导意见》（发改价格〔2020〕561 号）提出，要建立健全覆盖所有城镇、适应水污染防治和绿色发展要求的污水处理收费长效机制，污水处理收费机制将进一步完善。

六是环保产业需求升级，产业融合创新面临挑战。《中共中央 国务院关于深入打好污染防治攻坚战的意见》提出，要“加快发展节能环保产业”。

新形势下，面临统筹污染治理、生态环境保护、应对气候变化的新任务，环保产业发展面临新机遇与新挑战，需采取新思路、新格局，培育产业发展新业态，为深入打好污染防治攻坚战、建设人与自然和谐共生的美丽中国提供有力的产业支撑。《环保装备制造业高质量发展行动计划（2022—2025 年）》（工信部联节〔2021〕237 号）提出，要深入推进 5G、工业互联网、大数据、人工智能等新一代信息技术在环保装备设计制造、污染治理和环境监测等过程中的应用。但是，目前新一代信息技术与产业融合发展还面临诸多“瓶颈”问题。生态环保领域分散，市场割裂现象较为严重，合作机制不顺畅，这些均造成了互联网、大数据等数字技术规模化运用的难度加大。新兴技术与环保产业融合基本是以自发式、单项目、企业间的商业化合作形式为主，多为形式上的简单集成，缺乏产业链、全流程、深层次的融合发展。环保产业本身是跨学科、多领域、交叉型的行业，产品与工艺千差万别，数据庞大复杂、来源繁多，质量参差不齐，迫切需要细分领域逐一形成统一规范的数据体系，系统归集碎片化的数据信息。

2.3.2 发展方向与重点

1. 大气污染防治

我国大气污染防治经历了消烟除尘、脱硫脱硝、超低排放等关键阶段并取得显著成效，脱硫脱硝除尘设备生产、设施运营服务、挥发性有机物（VOCs）控制等产业细分领域逐步进入成熟期。“十四五”期间，大气污染防治工作进入“提气降碳、协同控制”阶段，为支撑实现单位 GDP 二氧化碳（CO_2）排放量及 VOCs、氮氧化物（NO_x）排放总量下降，臭氧（O_3）浓度增长趋势得到有效遏制，细颗粒物（$PM_{2.5}$）和 O_3 协同控制，消除重污染天气等防治目标，大气污染防治产业将重点布局在重点工业行业超低排放改造和高效运维、VOCs 综合治理及原辅材料和产品源头替代、涉气产业集群大气环境综合整治等领域，并推进开展 CCUS 温室气体排放控制示范等研究[56]。

“十四五”时期大气污染防治重点领域

提高烟气治理技术装备水平，优化“特、难、杂”工况烟气治理工艺，推广高效脱硫、脱硝、除尘技术，研发$PM_{2.5}$、汞、二噁英、三氧化硫（SO_3）、一氧化碳（CO）等烟气多污染物协同控制技术。研发推广钢铁、水泥、焦化等行业锅炉炉窑超低排放改造和节能技术装备。研发高效多功能滤料、中低温抗硫脱硝催化剂及废催化剂回收利用技术。开展烟气治理设施的能效管控评价，推广烟气治理设施环保管家服务。

推广石化、化工、工业涂装、包装印刷、油品储运销等重点行业的无组织排放管控技术，VOCs深度治理技术和全过程治理模式，开发协同减排工艺。研发用于VOCs净化的高性能蜂窝活性炭、分子筛和蓄热体。推广工业企业VOCs分类收集、分质处理，推进集中涂装、活性炭集中处置等服务。

加快移动源排放后处理装置系统及其相关零部件、技术、装备的研发和升级。研发恶臭异味收集治理和扬尘控制技术装备，推广高效低耗、易维护油烟净化装置，发展餐饮业油烟净化社会化服务。研发多功能、智慧化的室内空气净化产品。

开展CCUS等技术创新与应用。发展碳排放监测与评估核算、碳核查、碳资产管理及碳减排技术服务。发展碳汇监测评估服务、生态系统碳汇监测核算体系产品服务。

2．水污染防治

我国水生态环境保护经历了工业末端治理与市政污水处理、黑臭水体防治与水环境综合治理等过程。水生态环境保护产业经过近40年的发展，城镇污水处理领域已步入成熟期，县城、建制镇污水治理市场需求虽逐步释放，但城镇污水管网、污泥处理处置、农村污水处理等领域的设施建设与维护短板突出，污水资源化、智慧水务等产业业态处于初创阶段。“十四五”期间，水生态环境保护将持续推进城市黑臭水体治理，加强重点流域综合治理和重要湖泊污染防治及生态修复等。水生态环境保护产业将重点向着“两极”发展：一是具备水生态环境综合整治实力和资产资本运营能力的中央及地方国资控股环保集团；二是掌握核心产业技术、精细化运维能力的“专、精、特、新”企业。

“十四五”时期水污染防治重点领域

研发推广城镇污水深度脱氮除磷、好氧颗粒污泥、厌氧氨氧化、污泥深度脱水工艺技术与装备，推动现有污水处理设施提标升级改造，研发推广低碳型污水处理技术及氮磷和能源回收技术，提升污水处理设施智慧化管理和低碳运行水平，开展再生水资源化利用。积极参与污水配套管网、雨污分流管网工程建设、修复和运维服务。推广运行费用低、管护简便的农村生活污水治理技术，推行农村生活污水处理设施集约化运维模式。

加快高浓度、难处理废水处理及资源化利用关键技术装备研发应用。研发推广电镀废水、电路板废水的重金属去除技术，食品废水、酿造废水的厌氧处理及资源化处理技术，煤化工、焦化、制药等难降解工业废水的高级氧化技术，高含盐废水的有机物深度脱除、膜处理、蒸发等处理及分质资源化技术。

推广流域水陆一体化的水污染控制技术，发展海洋生态环境保护和陆域、海域污染协同治理技术装备。研发推广饮用水水源地水质改善和风险防控、船舶港口污染防治、初期雨水收集处置、富营养化及黑臭水体治理、重金属及新污染物处理等技术装备。

研发智能膜材料、靶向吸附材料、仿生水处理药剂、生物菌剂、绿色阻垢剂等材料药剂，推广水源热泵、节能风机、高效曝气器、污水处理一体化装备，推进水处理装备智慧化、一体化、标准化发展。

开展集中式饮用水水源地保护，实施保护区隔离防护、保护区环境问题整治与生态修复、保护区内风险源应急防护、湖库型水源地富营养化与水华防治、水源地监控能力建设等，保障饮用水水源地水质安全和防控环境风险。

推动流域水污染治理，实施区域再生水循环利用、入河排污口规范化建设、重要生态空间内污染治理等工程，进一步巩固提升工业、城乡各类污染源减排成效。开展流域水生态保护修复，实施河湖缓冲带生态保护修复、河湖水域水生植被恢复等工程，改善河湖水生态环境，提升河湖生态系统健康水平。

推广集水资源、水环境、水生态于一体的水生态环境管理数据库建设、监测网络信息化建设、污染源空间风险区管控能力建设、水生态环境监控预警能力建设、环境风险防范管理平台建设等，提升水生态环境治理体系和治理能力现代化水平。

3. 固体废物处理处置及资源化

我国生活垃圾焚烧、医疗废物处理处置行业已处于较为成熟的阶段。场地、耕地与矿山修复、环卫、建筑垃圾资源化、餐厨垃圾处理、工业危险废物处理处置等领域处于产业生命周期的发展期。“十四五”期间，将稳步推进“无废城市”建设、加强新污染物治理等。可降解塑料行业发展需求近年来逐步释放，产业处于初始期。除了传统业态，固体废物污染防治将在废弃光伏组件、废弃风机叶片、退役新能源车及锂电池等新兴产业固体废物利用与处置等新技术，分布式小规模垃圾焚烧设施、PLA、PBAT 新装备新产品，危险废物信息化、智慧环卫、“生态修复+开发”新模式和新机制等方面有所突破。

“十四五”时期固体废物处理处置及资源化重点领域

推广垃圾分类投放、分类收集、分类运输、分类处理及智慧化服务系统。研发推广垃圾焚烧提标改造技术。推广厨余垃圾和市政污泥资源化利用技术。研发垃圾焚烧飞灰安全处置和资源化技术。提升垃圾焚烧、水泥窑协同处置、填埋设施规范化运行服务水平，探索城乡融合的农村生活垃圾治理服务模式。提升废弃电器电子产品资源化利用技术及报废汽车拆解等设施规范化运营水平。推进塑料污染全链条治理，研发塑料可降解替代技术及产品和废弃塑料回收利用技术装备。

推广尾矿等大宗工业固体废物环境友好型井下充填回填技术。研发大宗工业固体废物制备建材、环境修复材料等高价值产品的技术装备。规范难利用冶金渣、化工渣贮存设施的建设运行服务。研发推广废金属、废纸等废旧资源的绿色分拣、加工、回收技术。探索企业间和产业间物料闭路循环利用服务。研发水泥窑、燃煤锅炉协同处置固体废物的技术装备。研发退役动力电池、光伏组件、风电机组叶片等新兴产业固体废物的处置与循环利用技术装备。研发推广建筑垃圾回收利用技术。

研发危险废物源头减量清洁生产工艺和污染防治技术装备。推广危险废物回转窑焚烧、水泥窑协同处置技术。研发危险废物资源化和等离子体/电阻式高温熔融技术装备。推广医疗废物消毒及无害化处置技术装备。推广工业园区危险废物收集转运贮存专业化服务。开展针对小微企业、科研机构、学校等分散化、碎片化产废单位的危险废物专业收集转运服务。开展危险废物鉴别服务，发展支撑固体废物环境管理的信息服务系统。研发重金属螯合剂、固化/稳定化药剂。

研发持久性有机污染物、内分泌干扰物、抗生素、微塑料等新污染物环境风险防控技术，在石化化工、橡胶、树脂、涂料、印染、原料药、污水处理厂等重点行业领域的污水、污泥、废液和废渣处理中开展新污染物治理技术示范。开展新污染物危害识别、风险评估、调查监测服务。

研发适合农村垃圾处理处置的小型化、分散化、无害化、资源化处理技术装备和模式。研发农业面源污染治理技术，推进化肥农药减量增效、秸秆农膜回收利用、畜禽粪污资源化利用、水产养殖尾水治理回用、农田氮磷流失减排、农田退水治理等技术模式。支撑农业面源污染治理监督指导，研发农业面源污染调查监测和负荷评估等技术。推广应用农用地重金属污染生理阻隔、土壤调理等安全利用和修复治理技术。

4．生态修复与国土空间绿化

“十四五”期间，将坚持农村人居环境整治、推进农用地安全利用示范、管控建设用地土壤污染风险。从 20 世纪 70 年代初到 2020 年，我国森林覆盖率由12.7%提高到23.04%，森林蓄积量超过175亿 m^3。近10年来，全国草原植被综合覆盖度从51%提高到56.1%。“十三五”期间，新增湿地面积20.26万 hm^2，湿地总面积达5 300万 hm^2。“十四五”期间，应科学推进荒漠化、石漠化、水土流失综合治理和历史遗留矿山生态修复，开展大规模国土绿化行动，实施河口、海湾、滨海湿地、典型海洋生态系统保护修复，推行草原、森林、河流、湖泊休养生息，加强黑土地保护，推进城市生态修复，实施生物多样性保护重大工程等。森林、草原、湿地生态系统既是生态资本，也是一项经济资本，在发挥减缓气候变化的碳效益、获得碳汇收益作用的同时，还发挥着保护生物多样性和生态系统、增加生计和减缓贫困的综合效益作用。2021年7月，我国正式启动全国碳市场交易。目前，按照有关规则和被批准的林业方法学开发的林业碳汇项目可以进行交易，草原、湿地碳汇项目尚未进入碳汇市场。随着生态修复行业市场化政策和商业模式的突破创新，该行业在碳汇交易中将具有较大潜力。

“十四五”时期生态修复重点领域

研发土壤污染风险识别、土壤污染物快速检测、地块精细化调查、土壤及地下水污染阻隔等风险管控先进技术和装备。研发推广气相抽提、热解吸/脱附、生物修复、化学氧化/还原修复技术，推动直接推进式钻探、药剂高精度混合装备、修复专用模拟软件国产化。践行绿色可持续修复理念，发展土壤环境调查评估、在产企业修复与风险管控等服务，推广“环境修复+开发建设”的一体化修复模式，探索实现生态修复增效、增收、增绿、减排多重效果的“绿色低碳可持续全域土地综合整治”模式。支撑地下水污染调查评估，研发地下水污染渗漏排查、污染防渗改造、地下水污染风险管控和修复技术装备。研发土壤修复专用安全高效药剂。

研发生态系统保护和修复关键技术，推行矿山行业“梯级回收+生态修复+封存保护”服务模式。聚焦重点流域区域，研发推广河湖一体化的水生态修复、河口生态保护、滨海湿地生态修复、生态脆弱区土壤-植被修复等技术。拓展生态产品价值实现治理修复模式，探索“生态环境修复+产业导入”、碳汇交易、生态产品经营开发权益挂钩等生态环境修复模式。研发环境事故、重大疫情、自然灾害等突发事件环境应急处置技术装备。

以资源化利用、可持续治理为导向，研发适用于平原、山地、丘陵、干旱缺水、高寒、居住分散和生态环境敏感等典型地区的农村污水处理技术、工艺和设备。开发适用于居住分散地区的生态化治理新技术，探索黑灰水分类收集处理、畜禽粪污减污降碳协同治理等模式。研究将生活污水适当处理后达到再利用要求，可用于庭院美化、村庄绿化等资源化利用的技术模式。建立农村生活污水收集、处理、设备产品标准体系，提升农村生活污水产业化、工程化水平。围绕农村水环境治理，研发生活污水、畜禽粪污、农业面源多元协同治理技术，开发低耗、高效的农村黑臭水体治理关键技术，形成农村黑臭水体与生活污水、垃圾、种植、养殖等污染统筹治理的系统化治理体系。研发农村黑臭水体识别技术，建立“空天地”一体化、智慧化农村黑臭水体监管体系。

5. 生态环境监测

我国生态环境监测体系经历了三个五年的建设：“十一五”时期，初步建成了覆盖全国的国家环境监测网；“十二五”和“十三五”时期，加快推进污染源监测、环境质量监测、生态状况监测等。目前，我国基本建成了符合我国国情的具有中国特色的生态环境监测网络，对推动环境质量快速改善起到支撑作用。“十四五”期间，我国将建立健全基于现代感知技术和大数据技术的生态环境监测网络，实现环境质量、生态质量、污染源监测全覆盖，补齐 $PM_{2.5}$ 和 O_3 协同控制、水生态环境、温室气体排放等监测短板。总体而言，我国生态环境监测领域的产业规模相对较小、高端环境监测设备市场占有率不高，未来将重点发展光谱仪、质谱仪、色谱仪等高端分析仪器，突破环境监测“卡脖子”技术，如温室气体监测、地下水监测、重金属快速监测等技术，以及服务于溯源、预警、决策的智慧环境监测体系。

“十四五”时期生态环境监测重点领域

推进核心元器件、标准样品、高精度监测设备国产化。研发卫星遥感、热点网格、走航监测等“空天地”一体化新技术新装备。发展更高精度、更多组分、更大范围、更加智慧化的生态环境立体监测技术。发展集成化、自动化、智能化、小型化环境监测设备。

研发颗粒物、VOCs、氨等直读式监测设备，重金属大气污染物排放监测设备，土壤监测设备。研发推广 $PM_{2.5}$ 和 O_3 协同监测、温室气体及区域碳源汇监测、水生态环境监测、农村面源监测、近岸海域水质监测、地下水监测、噪声监测、重金属快速监测、新污染物监测、环境应急监测、全自动实验室等技术装备。

推进物联网、云计算、大数据等先进技术与环境监测服务的融合发展，支持环境治理及时感知、智能预警、精准溯源、协同管理能力的提升。

6. 环保产业集聚区

集聚区作为环保产业发展的重要载体，“十四五”时期将迈入提质增效阶段。各地在环保产业布局中应更加突出区域特点，引导产业差异化发展，防止低水平重复建设和同质化竞争。引导产业集聚发展的方式由过去的“招商引资”向“招商引智”转变，由注重产业链发展向产业链、创新链协同转变，通过优化整合产业链、创新链，增强产业链的上下游协同创新与发展，打造协同发展的优势产业集群和特色产业链，形成区域新增长极。集聚区建设中应采用云计算、大数据、物联网等新一代信息技术，打造智慧化园区。“十四五”时期将进一步提升工业园区环境基础设施的供给水平与治理能力，推动工业园区绿色低碳循环发展，采用环保管家、环境污染第三方治理、环境综合治理托管服务等模式为园区环境治理提供整体技术解决方案和全过程服务是环保产业未来发展的方向。

3 环保产业集聚区创新创业政策实践

3.1 环保产业集聚区国际经验借鉴

发达国家对创新创业的支持政策在各阶段各有侧重，覆盖了创新创业的大部分阶段，支持内容贯穿技术研发、成果转化、技术商业化、帮助企业成长壮大全过程（图 3-1）。

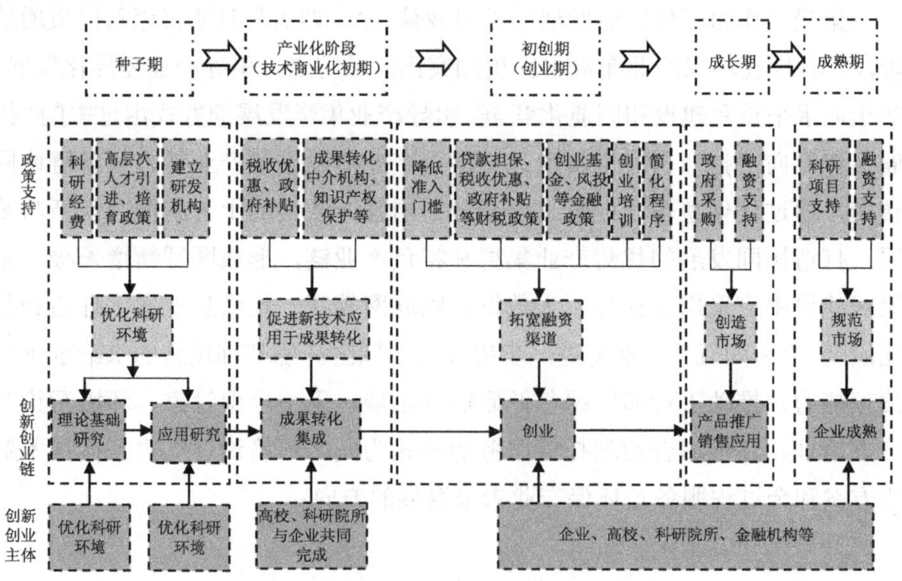

图 3-1　创新创业不同阶段的政策支持情况

1. 种子期

该阶段主要偏向基础理论性研究，具有较强的公共产品特征。大部分科学研究在该阶段的商业目的并不是很强，而且投入大，研究所需要的时间也不完全确定。对于企业而言，投入大量的资金进行基础性研究的可能性不大，因此该阶段主要依托高校、科研院所来完成，资金的供给主要来自政府。相关政策主要从优化科研环境的角度来制定，以提高源头创新能力。该阶段一方面着重于加强对基础科研的支持力度，提高其参与国家重点攻关项目的能力，完善基础科研平台建设；另一方面，重视高层次人才的培养、引进，高度重视创新型人才“带土移植”的创新模式，以激发创新科研动力。

2. 产业化阶段（技术商业化初期）

该阶段主要是产品的开发、生产过程，是试产调试、生成产品的阶段。该阶段也具有一定的不确定性，环保技术或工艺并不十分完善，需要依托科研院所与企业的合作才能完成。政府需要对企业的研发活动予以补助，在信息交汇与发布、中试产业载体的建设及中介服务平台的建设等方面重点推进，如美国政府向大学提供巨额的科研经费支持，以便为大学建设科技成果转让中心、建设科技园，做好先进技术成果转化“最后一公里”的服务，进一步推动先进技术的成果转化。

3. 初创期（创业期）

该阶段是创新主体通过创建新企业、将研究成果在市场上出售或纳入自己所在企业、与市场上其他企业联合等方式将研究成果作为企业价值的部分入股，向市场提供产品或服务。由于此阶段中小型企业的新产品或服务还未完全投放市场，需要筹措资金进行进一步的研究、开发及验证，企业现金流出大、流入少，因此会存在资金短缺、融资渠道窄，从金融机构获得信贷资金困难及市场需求、市场渠道等多方面的限制与制约，技术风险、市场风险、管理风险巨大。因此，该阶段政府的支持及风险资金等对于企业而言是很有帮助且非常重要的。政府主要在财政资金补助、创业基金、税收优惠、银行贷款担保、创业培训、准入门槛、简化企业创建流程手续等多方面制定针对性政策，以拓宽企业投融资渠道，激发创业动力，提高企业创业能力，降低创立企业的门槛和时间成本。

4．成长期

经过初创期的淘汰，部分中小型企业因开发了新技术、新工艺或新产品并得到市场认可而存活下来，其技术风险不再成为主要风险，新产品在市场上已经占有一定地位，盈利能力有大幅提升，收入增加，财务状况好转。该阶段企业面临新产品市场尚未形成或传统市场垄断尚未被打破、市场机会亟须培育的问题，而且企业若要继续壮大发展，持续的资金保障也是必不可少的一部分。因此，美国、印度、韩国等国优先面向本国企业采购先进技术和产品，扩大了自身先进产品的销路，为处于市场化初期的科技创新成果创造了一个最初的市场需求，进而促进了本国企业的快速成长壮大。此外，还可以通过给予中小企业或创新型企业贷款支持，鼓励企业在纳斯达克小盘市场或国内的创业板、新三板等交易市场上市来帮助企业成长和发展。

5．成熟期

中小型环保企业发展到成熟期，通常已经进入规模化生产阶段。此时，企业的市场占有率明显增大，盈利能力增强，基本上有能力从商业银行或资本市场取得所需资金，财务状况稳定良好，组织架构与管理制度更加完善，经营中的相关风险较低，抵御风险的能力较强。成熟期的中小型环保企业主要关注相关产品、技术或工艺的进一步研发与生产，并从中获得持续性效益或规模经济效益。一般来说，上市融资是成熟期企业融资的最优渠道。因此，成熟期的中小型环保企业对资金的需求更多是基于两个方面：一是加大新产品、新技术、新工艺的开发，巩固已经取得的技术优势，加速市场拓展，扩大市场占有率；二是进行并购等形式的资本扩张。总而言之，处于成熟期的企业具有最强的融资能力，对风险资本的需求下降，对资金的流动性需求上升，主要采用股权融资模式，在贷款方面也具有较强的能力。一般来讲，企业此时的抗风险能力较强，各国除了对企业所属的有关科技项目进行支持和扶持，未见有其他特殊的政策。

3.2 我国环保产业集聚区政策概述

环保产业涉及环保技术装备、产品和服务等，产业链长、关联度大，推动环保产业集聚发展是降低企业生产成本和交易成本、集聚创新要素资源、发挥集聚效应和带动作用、提升环保产业技术装备水平的重要路径之一。《国务院关于印发"十二五"节能环保产业发展规划的通知》（国发〔2012〕19 号）、《环境保护部关于环保系统进一步推动环保产业发展的指导意见》（环发〔2011〕36 号）等多个政策文件中均提到要鼓励环保产业集群建设，到 2015 年形成 5～10 个环保产业集聚区、10～15 个环保技术及装备产业化基地。《"十三五"节能环保产业发展规划》（发改环资〔2016〕2686 号）提出，到 2020 年形成 20 个产业配套能力强、辐射带动作用大、服务保障水平高的节能环保产业集聚区。《环保装备制造业高质量发展行动计划（2022—2025 年）》提出，支持环保装备高水平集聚区按照产业集群发展模式进行优化整合，强化产业链上下游协同，提升集群治理能力，培育形成具有示范引领作用的先进环保装备产业集群。

为了提升工业园区环境基础设施供给水平与治理能力，我国出台了多个政策文件（表 3-1），提出鼓励开发区、高新区、新型工业化产业集聚区引入环境服务公司，对园区进行循环化改造，为园区提供污染治理服务及环境治理整体技术解决方案和全过程服务，积极推行环境污染防治第三方治理、环境综合治理托管服务。

表 3-1 “十三五”以来环保产业集聚区建设相关要求

序号	文件名称	内容
		一、环保产业集聚区建设要求
1	《“十三五”国家战略性新兴产业发展规划》（国发〔2016〕67 号）	打造一批战略性新兴产业发展策源地、集聚区和特色产业集群，形成区域增长新格局。充分发挥现有产业集聚区作用，通过体制机制创新激发市场活力，采用市场化方式促进产业集聚，完善扶持政策，加大扶持力度，培育百余个特色鲜明、大中小企业协同发展的优势产业集群和特色产业链。 培育战略性新兴产业特色集群。完善政府引导产业集聚的方式，由招商引资向引资、引智、引技并举转变，打造以人才和科技投入为主的新经济；由“引进来”向“引进来”“走出去”并重转变，充分整合利用全球创新资源和市场资源；由注重产业链发展向产业链、创新链协同转变，聚焦重点产业领域，依托科研机构和企业研发基础，提升产业创新能力；由产城分离向产城融合转变，推动研究机构、创新人才与企业相对集中，促进不同创新主体良性互动。避免对市场行为过度干预，防止园区重复建设。鼓励战略性新兴产业向国家级新区等重点功能平台集聚
2	《“十三五”节能环保产业发展规划》（发改环资〔2016〕2686 号）	到 2020 年形成 20 个产业配套能力强、辐射带动作用大、服务保障水平高的节能环保产业集聚区。促进集聚区内产业链关联企业的协同发展，通过深化分工降低生产和交易成本，发挥集聚效应和带动作用，提高整体竞争优势。避免对市场行为过度干预，防止园区重复建设
3	《工业绿色发展规划（2016—2020 年）》（工信部规〔2016〕225 号）	建设一批再生资源产业集聚区，推进再生资源跨区域协同利用，构建区域再生资源回收利用体系

序号	文件名称	内容
4	《环保装备制造业高质量发展行动计划（2022—2025年）》（工信部联节〔2021〕237号）	发展产业集群。根据各地产业结构特征，统筹规划环保装备制造业布局，引导区域间的差异化发展，防止低水平重复建设。鼓励产业基础好、集聚特征突出的地区，优化产业链布局，集聚创新要素资源，按照国家新型工业化产业示范基地建设要求创建一批环保装备产业集聚区。支持环保装备高水平集聚区按照产业集群发展模式进行优化整合，强化产业链上下游协同，提升集群治理能力，培育形成具有示范引领作用的先进环保装备产业集群。 加快科技成果转移转化。支持研发、制造、使用单位或园区合作建立重大环保技术装备创新基地，搭建产品研制放大、熟化及产业化之间的桥梁。鼓励地方、园区建立科技成果产业化孵化平台，集聚和优化配置要素资源，降低产业化成本，有效促进科技成果转化。支持行业协会等联合地方、园区、企事业单位建设一批公共服务机构，开展知识产权培训与交易、科技成果评价、市场战略研究和先进环保装备供需对接等服务
二、集聚区（园区）环境污染治理		
5	《"十三五"节能环保产业发展规划》（发改环资〔2016〕2686号）	培育企业污染治理新模式。在工业园区等工业集聚区引入环境服务公司，对园区企业污染进行集中式、专业化治理，开展环境诊断、生态设计、清洁生产审核和技术改造等；组织实施园区循环化改造，合理构建企业间产业链，提高资源利用效率，降低污染治理综合成本。在电力、钢铁等行业和中小企业鼓励通过推行环境绩效合同服务等引入第三方治理
6	《关于构建现代环境治理体系的指导意见》	积极推行环境污染第三方治理，开展园区污染防治第三方治理示范，探索统一规划、统一监测、统一治理的一体化服务模式。开展小城镇环境综合治理托管服务试点，强化系统治理，实行按效付费。对于工业污染地块，鼓励采用"环境修复+开发建设"模式

序号	文件名称	内容
7	《生态环境部　全国工商联关于支持服务民营企业绿色发展的意见》（环综合〔2019〕6号）	推动提升工业园区环境基础设施供给水平，加快工业园区污水集中处理设施配套管网的建设和完善，实现对园区内所有应纳管企业的全覆盖，污水应收尽收，指导服务相关行业企业做好污水预处理，为园区内企业的经营发展提供公共服务。引导和规范工业园区危险废物综合利用，配套建设危险废物集中处置设施。加快园区一体化生态环境监测、监控体系和应急处置能力建设。 培育壮大一批民营环保龙头企业，提高为流域、城镇、园区、企业提供系统解决方案和综合服务的能力。创新环境治理模式，培育新业态，提高服务专业化水平。探索EOD模式和工业园区、小城镇环境综合治理托管服务模式
8	《打赢蓝天保卫战三年行动计划》（国发〔2018〕22号）	推进各类园区循环化改造、规范发展和提质增效。大力推进企业清洁生产。对开发区、工业园区、高新区等进行集中整治，限期进行达标改造，减少工业集聚区污染。完善园区集中供热设施，积极推广集中供热。有条件的工业集聚区建设集中喷涂工程中心，配备高效治污设施，替代企业独立喷涂工序
9	《关于营造更好发展环境　支持民营节能环保企业健康发展的实施意见》（发改环资〔2020〕790号）	鼓励民营企业参与节能环保重大工程建设。积极支持民营企业参与大气、水、土壤污染防治攻坚战，引导民营企业参与污水和垃圾等环境基础设施建设、危险废物收集处理处置、城乡黑臭水体整治、产业园区绿色循环化改造、重点行业清洁生产示范、海水（苦咸水）淡化及综合利用、污水资源化利用，以及长江经济带尾矿库污染防治项目、化工等工业园区治污项目等重大生态环保工程建设

各省（区、市）也在促进环保产业发展的相关政策文件中提出要建设环保产业集聚区（园区），进一步明确了环保产业集聚区的建设方向与建设内容，并在土地、资金、人才等方面给予环保产业集聚区优惠政策（表3-2）。

表 3-2 部分省（市）“十四五”期间环保产业集聚区建设相关政策文件

序号	省份	文件名称	内容
1	吉林	《吉林省人民政府办公厅关于加快推进环保产业振兴发展的若干意见》（吉政办发〔2019〕40 号）	优先保障环保产业园区重大基础设施和产业项目建设用地，对环境服务业产业集聚区内属于研发设计、勘察、检验检测、技术推广、环境评估与监测的项目按科教用地供地。环保产业园区和环保企业建设的员工周转性集体宿舍（公寓）可纳入公共租赁住房政策支持范围
2	江苏	《江苏省政府关于推进绿色产业发展的意见》（苏政发〔2020〕28 号）	在南京市、宜兴市、泰兴市推进节能环保服务业试点，支持南京市江宁区等地建设环保服务集聚区。 实施园区循环化改造提升工程，推动企业循环式生产、产业循环式组合，搭建资源共享、废物处理公共平台，提高能源资源综合利用效率。支持园区探索开展环境管家、绿色联盟、产业共生、第三方环境服务等创新发展模式，推广绿色整体服务和全过程服务。鼓励开发区创建生态工业示范园区、循环化改造示范试点园区，支持国际合作生态园区建设。鼓励采用云计算、大数据、物联网等现代信息技术，打造智慧化园区。支持园区探索功能混合布局和复合开发，加强与周边城区的现代基础设施联系和公共服务设施共享，建设产城融合示范区。推进中国宜兴环保科技工业园、江苏盐城环保科技城创新发展。到 2022 年实现 95%以上的省级以上开发区和化工集聚区完成循环化改造，建设 12 个绿色园区
3	山东	《关于支持发展环保产业的若干措施的通知》（鲁环发〔2020〕51 号）	加快集群发展。在济南市、青岛市、淄博市建设环保产业集群，2021 年年底前编制完成建设方案。在其他市建设一批环保产业园区，2022 年年底前打造 3～5 家特色园区

序号	省份	文件名称	内容
4	云南	《云南省“十四五”环保产业发展规划》（云政办发〔2022〕41号）	建设再生资源产业集聚区，推进再生资源跨区域协同利用。 推动大理建设国家环保产业园。依托云南祥云经济技术开发区建设大理环保产业园，重点发展冶炼废渣、废弃家电、铅酸蓄电池、废旧橡胶轮胎、废弃农用地膜回收利用产业，以及一体化污水处理设备制造和 LED 照明产品制造等产业，全面提升产业园区污染物综合治理水平和效能，严格执行重金属污染物削减计划，建设生态产业园区。依托优势企业，重点发展畜禽粪便、餐厨垃圾、农业废弃物和病死畜禽生产有机肥技术与生产线
5	四川	《四川省人民政府关于进一步加快发展节能环保产业的实施意见》（川府发〔2013〕62号）	成都节能环保高端装备制造和服务产业集聚区：依托成都技术研发和产业基础，大力发展重大节能环保技术及高端装备产业、节能环保服务业，打造全国一流的节能环保装备制造及综合配套服务产业基地。重点建设金堂环保装备制造产业基地、郫县现代工业港（高新西区）LED 产业基地、青白江循环经济园区、彭州航空燃气动力装备再制造产业园区、锦江现代节能环保服务业园区。 自贡节能环保装备制造产业集聚区：依托自贡节能环保装备制造产业的良好基础，以自贡高新技术产业园区、晨光化工园区等为重点，大力发展节能环保锅炉窑炉、污染治理成套技术设备、清洁能源装备、机床再制造和节能环保服务业，促进节能环保装备制造产业集聚发展。 内江资源综合循环利用产业集聚区：依托西南再生资源产业园区和资源综合利用骨干企业，加快完善再生资源回收体系，实现废旧家电、报废汽车、废塑料、废钢渣等资源再生利用、规模利用和高值利用，促进钒钛资源综合利用企业加快发展，建设西南最大的再生资源产业集聚区。 依托川东北丰富的天然气资源和化工产业基础，以达州、广安经开区及武胜节能环保产业园区为重点，推进园区循环化改造，推动油气化工、气盐化工、有色金属等领域的循环经济发展，建设国家循环化改造试点示范园区

序号	省份	文件名称	内容
6	浙江	《绍兴市环保产业“十四五”发展规划》（绍环保服务办函〔2021〕5号）	至2025年，建成4～5个环保产业园。 根据环保产业重点发展方向，制定针对性的土地使用政策，在土地资源规划上向环保产业适当倾斜，以环保产业园、环保产业龙头企业、重大环保治理项目为核心，建设规划一批环保产业园区、集聚区。推进诸暨市省级环保产业示范园区、杭州湾上虞经济技术开发区国家循环化改造试点园区建设，培育发展绿色产业示范基地，构建环保产业链，培育环保产业发展集群，推动环保产业集聚平台能级提升。推动中节能（绍兴）环保产业园、中节能（诸暨）环保产业园、绍兴市生态产业园建设成为环保产业孵化、培育基地；支持洋泾湖科创园等科研创新载体创建环保产业众创空间，鼓励有条件的工业企业建设小微环保产业园，完善“众创空间—孵化器—产业园—集聚区”全链条环保产业孵化体系。力争到2025年，诸暨现代环保装备高新技术产业园区争创国家级环保产业集聚区，中节能环保产业园争创国家级科技企业孵化器，洋泾湖科创园争创国家级众创空间。 针对产业集聚区、循环经济产业园、小微园区、龙头企业等污染物集中整治，积极争取宽松监管政策，支持先进治理模式的试点示范
7	上海	《上海市节能环保产业发展“十四五”规划》（沪经信节〔2021〕1198号）	推进特色产业集聚区建设。形成“4+X”产业布局，重点在中心城区（节能环保服务业）、浦东新区（资源循环利用及高端再制造）、宝山区（资源化利用）及金山区（节能环保材料和装备）打造各具功能的节能环保产业聚集区。加快节能环保产业配套基础设施建设，扩大节能环保产业土地供给，保障节能环保产业发展空间。在中心城区，重点布局以特色节能环保服务业为主及初创型企业孵化培育为主的节能环保服务园区。着力打造一批规模较大、经济效益显著、专业特色鲜明、综合竞争力较强的节能环保制造园区

序号	省份	文件名称	内容
8	安徽	《安徽省节能环保产业发展规划（2021—2023年）》（征求意见稿）	培育产业集聚示范园区。 合理规划园区布局。针对全省各地区差异，选择若干技术条件良好、龙头企业集中的地区，建设一批富有地区产业特色、区位优势突出的节能环保产业园区和基地，构建集技术开发、成果孵化、设备制造、工程设计、公共服务等多功能的一体化产业集聚区。根据各地区节能环保市场需求，合理规划园区选址布局、重点发展方向等。针对已建园区，完善产业门类或适当调整主导产业发展方向，实现与区域市场需求的紧密关联。 规范引导园区建设。根据本省各地节能环保产业园区建设及发展现状，分类建立不同模式或特色园区的建设准入标准，构建科学合理的园区绩效评价指标体系，形成园区企业良性管理机制。充分发挥园区产业集聚作用，细化完善资金集中、土地整合及人才引进等园区建设配套政策，积极引导社会资本投资节能环保企业入驻园区，注重对金融机构、科研机构、行业协会等辅助机构的引入和培养，为园区节能环保企业建设和起步提供良好的基础条件。 积极助力园区发展。着力协助园区搭建产业发展平台、创新园区网络建设，为园区信息交流、资源流动提供必要渠道，支持企业参加与自身发展相关、稳定且可靠的社会化组织，充分发挥园区产业集群效应。鼓励支持园区同类企业强强联合，通过联合、兼并、股份制改造及上市融资等途径，促进企业和园区的规模化、集聚化发展，同时整合技术和人才优势，精简工作流程，提升企业运作效率，推进并引领园区向国际化、高端化发展
9	安徽	《合肥市“十四五”节能环保产业发展规划》	到2025年，逐步形成以中国环境谷、合肥高新国际环保科技园为核心的环保产业集聚区，以经开区、长丰县为核心的节能装备制造产业集聚区，以安巢经开区、庐江县、肥东县为核心的资源循环利用产业集聚区，形成配套齐全、特色鲜明的产业链和产业集群。 推动集聚区内产业链关联企业协同发展，深化分工合作，降低生产和交易成本，发挥集聚效应和带动作用，提高整体竞争优势

序号	省份	文件名称	内容
10	广东	《深圳节能环保产业振兴发展政策》（深府〔2014〕33号）	加快建设节能环保产业基地。加快节能环保产业基地和产业集聚区建设，鼓励各区、新区和企业通过城市更新建设节能环保特色产业园。依据产业发展需要，在各节能环保产业基地或集聚区建设专业企业孵化器、加速器等产业化平台，建设研发、检验检测、专利、标准和科技文献信息等公共技术支撑平台。鼓励节能环保产业人才申报本市高层次专业人才认定，按照有关规定享受住房、配偶就业、子女入学、学术研修津贴等优惠政策。经认定的节能环保产业创新人才，根据其贡献程度予以一定的资助。支持节能环保企业、高校和科研机构设立博士后工作站、流动站或创新基地，对开展博士后工作的工作站或流动站按照有关规定予以支持。鼓励节能环保产业创新人才、创新团队来深圳创业，参加深圳市举办的全国性创业大赛。对竞赛优胜者在深圳实施竞赛优胜节能环保产业项目或者创办节能环保企业给予资金支持，并优先提供创新型产业用房
11	广东	《肇庆市人民政府关于支持绿色环保产业发展的指导意见》（肇府〔2016〕13号）	对城镇生活污水处理厂及配套管网建设、危险废物及资源综合利用、生活垃圾和污泥无害化处理、环保产业园等重大环保基础设施建设项目用地，各地在编制城乡建设规划和土地利用总体规划时要优先给予保障。对国家鼓励发展的重大环保装备制造项目用地，各地在安排年度供地计划时要优先给予支持

3.3 我国环保产业集聚区创新创业政策实践

3.3.1 中国宜兴环保科技工业园

1. 园区概况

中国宜兴环保科技工业园（以下简称宜兴环科园）于 1992 年 11 月经

国务院批准设立，是我国唯一以发展环保产业为特色的国家级高新技术产业开发区，是科技部和生态环境部“共同管理和支持”的单位，被列入《中国 21 世纪议程》优先发展项目，并被江苏省人民政府确定为发展循环经济的重要示范基地。目前，已有来自欧美、港台、东南亚等 20 多个国家和地区的企业入园投资兴业，园内共有 140 多家外资企业。园区以环保、电子、机械、生物医药、纺织化纤等产业为主，已成为宜兴重要的出口加工基地[57]。

近年来，宜兴环科园坚持现代服务业与先进制造业“双轮驱动”，创建了宜兴环保科技现代服务业集聚区、中国服务外包示范区——无锡太湖保护区宜兴环科集聚园、宜兴留学人员创业园、宜兴软件园等现代服务业特色园区，形成了总部经济、环保设计、服务外包、文化创意、研发平台五大现代服务业板块；集聚了江苏俊知、江苏科地、江苏一环、江苏天鸟、日立环保、鹰普机械、百事德机械、傅氏双金属、中昱新材料等一批国内外知名的高科技企业，形成了环保、电子信息、新材料、生物医药四大高新技术产业集群；成立了中国科学院生态环境研究中心宜兴中心、中国环境科学研究院国家环境保护湖泊工程技术中心、南京大学宜兴环保研究院、哈尔滨工业大学宜兴环保研究院、清华大学宜兴环保新技术应用联合研究院等环保产业公共服务平台；获批国家级科技企业孵化器、国家博士后科研工作站、院士工作站、省级科技企业加速器，实施“530 计划”“千人计划”，引进了一批高层次领军型人才和创新创业人才[58]。

2. 政策制定情况

（1）国家级

2013 年 8 月 11 日，国务院办公厅出台《国务院关于加快发展节能环保产业的意见》（国发〔2013〕30 号），提出围绕市场应用广、节能减排潜力大、需求拉动效应明显的重点领域，加快相关技术装备的研发、推广和产业化，带动节能环保产业发展水平的全面提升。宜兴环科园针对影响环保产业发展的主要问题，在明确环保产业“做大、做尖、做高、做精”的基础上，提出环保产业的“五大转型”要求：在产业门类上，从以单一的水处理为主向气、声、固、仪和资源利用全面转型；在产品功能提供上，由单一的装备制造向系统集成和成套化设备转型；在污染治理流程上，由以末端治理为主向全过程治理和控制转型；在市场拓展上，由以产销型为主向产销型和技术型同步转型；在业态进展上，由以环保制造业为主向环保制造和环境服务业并举转型[59]。

2016 年 1 月 11 日，国家发展改革委印发《"互联网+" 绿色生态三年行动实施方案》（发改办环资〔2016〕70 号），提出大力发展智慧环保的要求，智慧环保正式提上国家日程。在国家各项新的环保政策的驱动下，宜兴环科园举办了多届世界物联网博览会智慧环保高峰论坛，牵头成立了"中国智慧环保联盟"，启动建设了智慧环保物联网产业园，加快推动了传统环保产业与新一代信息技术的融合发展。目前，宜兴环科园已在环保物联网领域基本形成了涵盖感知、网络通信、处理应用、关键共性及基础支撑的产业链。

2018 年，科技部印发《关于科技创新支撑生态环境保护和打好污染防治攻坚战的实施意见》，提出大力发展生态环境保护与修复产业，加强生态环境领域先进适用技术成果的转化推广和产业化，加快建设绿色技术银行，鼓励建立专业化的生态环境技术转移机构，支持协会、联盟等开展生态环境技术服务，支持宜兴环科园试点建设，支持并指导相关地方举办全国环保产业创新创业大赛等。

（2）江苏省级

在规划引导政策方面，2013 年和 2016 年科技部、江苏省人民政府先后签署两轮《部省共同推进中国宜兴环保科技工业园创新发展合作计划》，明确将宜兴环科园作为中国环保产业转型发展示范区合力推动建设。2015 年，江苏省政府制定《苏南国家自主创新示范区发展规划纲要（2021—2025 年）》，明确把宜兴环科园作为重点建设的创新核心区之一。2019 年，江苏省出台《关于我省进一步发展创新型产业集群，助推产业转型升级的建议》《江苏省高新技术企业培育"小升高"行动工作方案（2019—2020 年）》（苏政办发〔2019〕57 号），提出抓好规划布局，打造创新型产业集群发展高地，增强创新型产业集群核心竞争力，壮大创新型产业集群发展主力军，打造创新型产业集群发展动力引擎，充分发挥高新区在推动创新型产业集群发展中的主阵地作用，聚焦高新区“一区一战略产业”培育，依托高新区的创新资源和体制机制优势，优先在园区布局建设创新型产业集群，引导园区突出产业特色、完善产业体系、优化创新环境，着力提升集群建设水平。

在财税激励政策方面，2019 年 3 月 26 日，江苏省人民政府办公厅出台《关于对真抓实干成效明显地方进一步加大配套激励支持力度的通知》（苏政办发〔2019〕33 号），对列为省级试点的 PPP 项目给予前期费用补贴，在规定时间内规范实施落地的，按社会资本方出资资本金的 1%～5%给予奖补，单个项目补助金额最高为 2 000 万元。对以民营企业作为主要社会资本方或绿色环保领域的项目，奖补标准上浮 10%；对评为省级示范的 PPP 项目，省财政给予每个项目 100 万～500 万元奖补。2019 年 11 月 8 日，江苏省财政厅、江苏省科技厅修订印发《江苏省高新技术企业培育资金管理办法》（苏财规〔2019〕9 号），对于当年度的入库企业，地方培育资金已按每家不低于 5 万元（含）奖励的，省培育资金按每家 5 万元给予奖励；对于处于培育期的入库企业，根据其对经济社会发展的实际贡献，对企业实际贡献在 20 万元（含）以上的，省培育资金按实际贡献 5%比例给予奖励，最高不超过 30 万元；省培育资金与各设区市、县（市）、省级以上高新区按照联动的原则，给予上年度首次获得高新技术企业认定的入库企业不低于 30 万元的培育奖励，其中省培育资金不低于 15 万元，且不高于地方培育资金的奖励额度。

在金融政策方面，2019 年 3 月 26 日，江苏省人民政府办公厅出台的《关于对真抓实干成效明显地方进一步加大配套激励支持力度的通知》提出，对防范化解金融风险、营造诚实守信金融生态环境、维护良好金融秩序的地区，在申报金融改革创新试点和金融改革试验区等方面予以优先支持，支持符合条件的全国性股份制银行在上述地区开设分支机构，支持发展政府性融资担保机构，支持符合条件的企业发行“双创”、绿色公司信用类债券等金融创新产品，省综合金融服务平台优先与其开展社会征信业务合作。

（3）宜兴市级

在规划引导政策方面，2010 年，宜兴市人民政府出台《关于加快我市环保产业发展的意见》《国家科技兴贸创新基地（节能环保）骨干企业认定及管理暂行办法》等政策，以市场为导向、以企业为主体、以创新为核心，加强政策引导和综合管理，推进信息化和工业化融合，促进资源整合、品牌培育、集群发展，积极培育一批创新能力强、系统集成和总承包实力雄厚的骨干企业，建设一批支撑产业技术创新的公共服务平台，构建布局合理、功能齐全、运作高效的环保生产配套体系和技术服务体系，真正把宜兴市打造成为最具核心竞争力和国际影响力的环保产业高地和环保技术创新、成果转化基地。

在财税激励政策方面，2016 年，宜兴市政府出台《关于宜兴市产业发展扶持资金实施意见（2016—2020 年）》，要求设立宜兴市产业发展扶持资金，初始规模为 50 亿元，重点支持新上产业项目、企业兼并重组和盘活利用闲置资产、重特大产业项目，优先扶持先进制造业中的重特大项目。该政策在大力实施创新驱动核心战略、发展壮大环保产业集群等方面取得了显著成效，在现有的良好基础上，进一步加大了科技创新力度，提升了服务水平，创造了更好的发展环境，推动了环保产业更好的发展，助推宜兴产业高质量发展。

（4）园区级

在财税激励政策方面，2019 年 4 月，在企业高质量发展大会上，宜兴环科园正式出台了《关于推动园区经济高质量发展的实施意见》，安排产业发展资金 2 000 万元，重点支持环保企业引育、环保高端化产业项目、环保企业运用高端制造设备、环保企业推进认证、品牌建设，旨在鼓励实体经济进一步做优做强，加快构建园区以节能环保产业为先导、以先进制造业为主体、以现代服务业为支撑的现代产业体系。

3. 发展成效

1992 年，国务院批准设立的宜兴环科园既是当时唯一设在县级市的高新区，也是唯一以环保产业特色命名的高新区。2011 年开始，宜兴环科园出台了一系列鼓励企业转型升级的政策，引导企业实施“强强联合、资源共享、向外拓展”，在更高的发展平台上形成了一个集研发设计、生产制造、工程施工、运营服务于一体的产业集群，并呈现出广阔前景。2015 年，宜兴环科园依托自身在环保产业上的先发优势建起了国内首个提供环境整治综合服务的“中宜环境医院”，按照“诊、疗、养”全生命周期的治理理念，打破企业和专业壁垒，以宜兴环保产业集团作为实体运行平台，建立了专家咨询库、技术储备库、项目信息库和优秀企业池、资金池，面向区域治理中水、声、气、固、土等需求成立了各大领域的“八个专科”，并引入国内外的优秀企业、专家和设备，创造出了全新的环境治理模式和运行服务支撑体系。一系列重大改革与创新使宜兴的整个环保产业发生了脱胎换骨的变化，从当初以水处理为主的单一业务模式快速形成集水、声、气、固、仪及配套产品于一体的产业链，培育出一批在行业各个细分领域均表现优秀的环保企业，形成了产业创新发展的新优势。2019 年，园区环保产值达到 580 亿元，拥有环保产业从业人员 10 万多名、专业技术人员 2 万多名。目前，宜兴环科园拥有 5 000 余家环保企业，是国内最大的环保产业集聚区[60]。

宜兴环科园构建了环保科技大厦、科技孵化园、国际环保展示中心、人才培训基地、人才公寓等载体平台，同国际国内 300 余家科研院所及知名大专院校构建了稳定合作关系，与中国科学院、南京大学、哈尔滨工业大学等院校共同建立了产学研合作平台 15 个，启动建设了江苏省环保装备产业技术创新中心、未来概念水厂等一批示范工程。园区还积极创新产学研合作机制，推出“1 个科研产品+1 个研究所（团队）+1 家实施产业化企业”的创新运作模式，打造新领域、新技术的创新型公司，中宜金大检测中心、新长天、中宜生态土研究院等一大批由园区、高校、科研院所共同培育的企业异军突起，成为细分领域具有技术领先优势的“单打冠军”，丰富了宜兴环保产业业态，牢牢占据了产业链高端[61]。

宜兴环科园还大力推动国际交流合作，先后与德国、丹麦、芬兰、荷兰、澳大利亚等 13 个国家合作建成了清洁技术对接中心，承担了 5 个国际合作项目，每年组织开展各类国际技术对接活动数十场次，搭建了国合环境高端装备制造基地等产业孵化平台，引进了 200 多项国际先进技术和项目。同时，园区还依托中国—东盟环保示范基地、3iPET 国际智汇平台建设，组建了“一带一路”环保“走出去”企业联盟，已有72家园区内的环保企业在“一带一路”沿线国家开展业务。由艾科森科技公司联合美国加州理工学院霍夫曼教授团队研发制造的生态厕所系列产品已出口南非等国家和地区。

3.3.2 江苏盐城环保科技城

1. 集聚区概况

江苏盐城环保科技城隶属江苏省盐城市，位于盐城市城东，2009 年 4 月经江苏省人民政府批准设立，前身为盐城环保产业园。为了主动适应经济新常态，推动产业发展迈上新台阶，打造产城融合特色新城区，2013 年盐城环保产业园改名为江苏盐城环保科技城（以下简称环科城），开启了由“园”转“城”的新历程。环科城行政区划面积为 80.76 km^2，下辖 2 个独立运行的街道，另有江苏盐城环保产业园、华东农产品加工交易园区、江苏亭湖文化创意产业园、上海嘉定汽车产业园亭湖工业园 4 个功能园区，以及江苏海瀛集团、江苏嘉亭集团 2 个实体化资本运作平台公司，主要产业为环保科技、光电信息、高端装备、新型材料和现代服务业等。2018 年，环科城成功进入中国开发区审核目录，成为全国唯一以“环保”冠名的高新技术开发区。

环科城以行业领军企业为支撑，完善产业链条，以中国建材、中国核电、中国中车、中国中汽、国家电投、国润清新、日凯科技、和阳电梯、浙江菲达、福建龙净、北京万邦达、广东科达洁能、日本东丽等百余家高科技企业为引领，形成了以四大功能区为主体、以五大主导产业为支撑、以众多研发创新平台为依托的链条互补、协同发展的空间功能格局；以大院、大学、大所为引领，汇集了中国环境科学研究院，中国科学院过程工程研究所、高能物理研究所、大气物理研究所、生态环境研究中心、城市环境研究所、地球环境研究所，中建材环保研究院，以及清华大学、复旦大学、南京大学、哈尔滨工业大学、美国明尼苏达大学、澳大利亚墨尔本大学等 22 家实体研发机构；以打造环境治理全产业链为目标，启动建设国家环境综合治理诊疗中心，形成全方位、全流程的一站式环境综合治理服务，着力构建烟气治理、水处理、固体废物综合利用、新型材料等环保装备制造业和环境服务业协调发展的产业格局。以开放的政策引进人才、优厚的环境留住人才、灵活的机制用好人才，吸纳了国内外院士 11 名、国家“千人计划”“长江学者奖励计划”等高端领军人才 35 名，建有 9 个博士后工作站、11 家国家工程技术中心和企业技术中心，建成环保产业众创中心、环保产业孵化基地、环保金融服务中心等创新创业载体。

近年来，环科城紧紧围绕“国际先进、国内一流”的发展战略目标，走出了一条科技引领、特色赶超的跨越式发展之路，成为国内发展最快、领军企业最多、产业特色最为鲜明的国家级环保产业集聚发展区，先后被授予“中国首家环保产业集聚区”“中国火炬计划特色产业基地”“国家地方联合工程研究中心”“国家燃煤污染物减排工程实验基地”“国家新型工业化产业示范基地”等 28 个省级以上荣誉称号。

2. 政策制定情况

（1）国家级

在规划引导政策方面，2013 年 12 月 19 日，环境保护部下发的《关于盐城环保科技城开展国家环保产业集聚区建设的复函》指出，环科城发展环保产业集聚区符合《国务院关于印发“十二五”节能环保产业发展规划的通知》要求，环境保护部与江苏省环保厅结合环科城产业发展的实际情况，推动建设规划的组织实施工作，根据国家实现环保目标和提高污染治理水平的需要开展技术研发活动，形成面向未来的污染防治技术储备，面向环保服务需求市场进行各种环保服务的探索。2015 年 8 月 17 日，国家发展改革委发函同意南京大学盐城环保技术与工程研究院在江苏滨海工业园开展工业废水集中治理和“镶嵌式”环境综合服务试点，标志着环科城首创的第三方“技术代运行”模式上升为国家试点，这是继 2014 年年底《国务院办公厅关于推行环境污染第三方治理的意见》（国办发〔2014〕69 号）发布之后国家发展改革委首次批准同意的名单，全国仅有 10 家单位。2016 年 3 月，国家发展改革委、科技部、工业和信息化部联合发布了《长江经济带创新驱动产业转型升级方案》，其中明确指出要以江苏、上海、重庆为核心，发展先进节能环保技术研发及环境服务业，加快发展节能环保产业集群。培育世界级节能环保产业集群是经济新常态下江苏省践行“生态优先、绿色发展”理念的必然选择，也是在缓解环境制约的同时，助力“一中心、一基地”建设、驱动产业转型升级、催生经济新增长点、推进供给侧结构性改革的重要途径，有利于江苏省以良好生态形成新一轮发展的引领性优势。

（2）江苏省级

在规划引导政策方面，2012 年，江苏省政府办公厅先后出台《江苏省“十二五”科技发展规划》和《江苏省节能环保产业“十二五”发展规划》（苏经信节能〔2012〕108 号），提出优化创新平台布局，加快完善以公共研发平台、企业创新平台、公共服务平台为重点的科技平台布局，重点突出产业技术研究院等重大科技平台的建设，推进节能环保产业快速发展；加大财政支持力度，推动建立政府补贴和重大建设项目工程采购制度，对自主创新产品招标给予优先支持，促进首台（套）自主装备使用政策的落实；完善平台管理机制，创新管理运行、绩效评价、扶持激励等一系列制度。

在金融政策方面，2018 年，江苏省环保厅、财政厅、金融办、发改委等 9 个部门联合推出《关于深入推进绿色金融服务生态环境高质量发展的实施意见》（苏环办〔2018〕413 号），通过信贷、证券、担保、发展基金、保险、环境权益等 10 项 33 条具体措施对绿色金融的发展提出明确方向，构建完善的绿色金融政策体系，引导各类资本进入生态环保领域；提供“环保贷”金融产品，设立风险补偿资金池，为污染防治、生态保护修复、环境基础设施建设及环保产业发展项目提供贷款增信和风险补偿。

在人才政策方面，2017 年，江苏省委出台《关于聚力创新深化改革 打造具有国际竞争力人才发展环境的意见》（苏发〔2017〕3 号），从人才培养、引进、使用、保障机制和加强党管人才 5 个方面入手，聚焦打造人才生态最优省份目标。环科城以新政精神为抓手，强化党管人才主体责任，以深化校地合作为突破口，引进和培育了一大批高端人才，激活源头、推动创新，催生了一批高科技企业，取得了积极成效。

（3）盐城市级

在财税激励政策方面，为推进盐城环保产业园建设，加快发展环保产业，促进全市产业结构优化升级，2009 年 9 月 1 日，《盐城市人民政府关于推进江苏盐城环保产业园建设与发展的政策意见》（盐政发〔2009〕167 号，以下简称《政策意见》）发布，明确将盐城环保产业园在 2009—2012 年形成的市、区两级税收留成部分全额奖励给园区（搬迁企业奖励增量部分），用于园区建设；市设立环保产业发展引导资金，优先对园区的规划编制、技术研发、新产品开发和技术成果产业化等项目给予补助，对招商引资有功人员进行奖励，并要求市级各相关部门在申报各类专项资金计划时优先考虑园区内的企业和项目。《政策意见》规定，除土地出让金外，园区内所有收费项目由园区管委会统一扎口管理，市、区两级 2009—2012 年开征的行政规费全部免收。2017 年，盐城市出台《关于推进聚力创新的十条政策意见》，大力培育高新技术企业，到 2020 年全市高新技术企业总数突破 1 000 家，确保每年新增高新技术企业 130 家以上；有效提升企业自主研发能力，鼓励企业加大研发投入力度，加强研发机构建设，全市每年新增国家、省级企业研发机构 30 家以上，大中型工业企业和规模以上高新技术企业研发机构建有率稳定在 90%；务实推进产学研合作，市、县（市、区）每年分别组织产学研专项活动不少于 3 场，集中走访高校院所 15 家以上，签约产学研合作项目 80 项以上；扎实推动创新平台载体建设，加速促进科技成果转化，设立 1 500 万元专项资金，实施市级科技创新与成果转化引导计划；加快发展科技服务业，大力发展科技金融，到 2020 年全市科技成果转化风险补偿资金达 2 亿元，“苏科贷”规模达 40 亿元。

在人才政策方面，《政策意见》指出，要对盐城环保产业园在加快引进人才和研发机构方面予以支持，对园区或者园区内的企业引进有突出贡献的专业技术人才、经营管理人才和高技能人才实行重奖。

（4）园区级

在财税激励政策方面，2019 年环科城印发《江苏盐城环保科技城鼓励扶持产业平台项目发展的政策意见（试行）》，鼓励产业项目引进，支持工业企业做大做强，鼓励支持产业平台创新发展。加大对园区土地利用计划的支持力度，简化项目建设用地审批程序，对污染治理企业生产经营性用房及所占土地的房产税、城镇土地使用税实行免征等优惠政策；同时，对符合条件的环保产业所得税参照高新技术产业享受15%的税收优惠政策，在15%所得税优惠政策的基础上，将“三免三减半”调整为“三免五减半”。对于环保项目，适当放宽贷款期限，实行贷款浮动利率、延长信贷周期等优惠政策；进一步落实收费权质押等政策；设立专项环保产业扶持基金，为园区企业重大科研项目提供资金支持，引导帮助企业争取国家资金支持。

3. 发展成效

环科城从建立之初就抓住了科研创新这个产业发展的“牛鼻子”，坚持走科技创新和产业引领之路，积极探索政、产、学、研合作模式，不断聚集环保产业研发、环保设备制造和环境服务业，拉长产业链条，占据产业高地。到2015年，全区企业已建成178个研发技术中心，其中国家级2个，省级16个；建成同济大学盐城环保工程研发中心等10多家高校实体性研发机构，主攻烟气治理、水处理、固体废物综合利用和新型材料等优势领域，研发成果可以就地小试、中试，直至产业化。

由研发集群向产业集群华丽转身。2012年，南京大学盐城环保技术与工程研究院依托环科城600万元启动资金和一幢楼起步，如今已拥有1个134人的研究团队，除立足盐城外，产学研用基地覆盖13个省份，孵化了17家企业。在国家科学技术奖励大会上，该院研发团队完成的自主创新项目——难降解有机工业废水治理与毒性减排关键技术研究与应用还获得了2016年度国家科技进步二等奖。目前，环科城已建成国家烟气多污染物控制技术与装备实验室、国家高浓度难降解有机废水处理实验室、国家环境保护汞污染防治工程技术中心、国家环境保护危险废物处置工程技术中心、国家环境保护工业炉窑烟气脱硝工程技术中心等十大“国字号”研发平台，获批1个国家级孵化器、9个国家博士后科研工作站、4个院士工作站、3个省级孵化器。

环科城依托众创中心、环保产业孵化基地、人才培训基地、人才公寓等一批功能性载体，发挥国家大气治理装备产业技术创新联盟、国家千人计划环保产业研究院、国家环保设备质量检测监督中心等平台的作用，全面完善园区配套设施，加快集聚各类高端人才，为高层次人才和团队的创新创业打下扎实的基础。

3.3.3 重庆环保科技产业园

1. 园区概况

2014 年 11 月，重庆市环保局、重庆市水务资产经营有限公司（现为重庆水务环境控股集团有限公司）、苏伊士环境集团、大渡口区多方共同设立了重庆环保科技产业园。2015 年 11 月，重庆市政府为该园授牌“国家环保产业发展重庆基地”。重庆环保科技产业园实行“一园两区”，首期规划面积为 1.5 km^2，分为北、南两个区域。北区重点发展环保综合服务业，建设环保科技产业总部基地；南区重点发展环保高端装备制造业，建设环保高端装备制造基地；北、南两区分工合作，共同建设集总部办公、科技研发、生产性服务、成套设备制造于一体的综合性环保产业园区。德润环境集团（环保产业综合服务）、三峰卡万塔（垃圾焚烧发电成套设备）、三峰环境（垃圾焚烧发电项目运营投资）、重庆环保产业股权投资基金（产业基金）、中渝环保（危险废物处理及回收利用）、重庆市环科院（环境监测、环境工程）、重庆 E20 环境（工业污染第三方治理基金 PPP）、中煤科工集团重庆研究设计院（环保装备及检测智能制造基地）等龙头企业纷纷入驻重庆环保科技产业园。

2. 政策制定情况

（1）国家级

在规划引导政策方面，2013 年国家发展改革委印发《全国老工业基地调整改造规划（2013—2022 年）》（发改东北〔2013〕543 号），把重庆市大渡口区纳入规范范围，提出以新型工业化和新型城镇化为引领，把深化改革、扩大开放作为强大动力，把再造产业竞争新优势、全面提升城市综合功能作为主攻方向，把促进绿色发展、增强创新支撑能力作为重要着力点，把保障和改善民生作为根本出发点和落脚点，深入实施全国老工业基地调整改造，建设国家重要的新型产业基地和区域经济发展的重要增长极。2017年，工业和信息化部联合国家发展改革委、科技部、财政部、环境保护部印发《关于加强长江经济带工业绿色发展的指导意见》（工信部联节〔2017〕178号），提出大力发展长江经济带节能环保产业，在重庆、无锡、成都、长沙、武汉、杭州、盐城、昆明等地重点推动节能环保装备制造业集群化发展，在江苏、上海、重庆等地不断提升节能环保技术研发能力及节能环保服务水平，着力发展航空发动机关键件、工程机械、重型机床等机电产品再制造特色产业。加强节能环保服务公司与工业企业紧密对接，推动企业采用第三方服务模式，壮大节能环保产业。

在土地政策方面，2013年国家发展改革委印发《全国老工业基地调整改造规划（2013—2022年）》，要求统筹推进全国老工业基地调整改造工作，将95个地级老工业城市和25个直辖市、计划单列市、省会城市的市辖区纳入规划范围。该规划指出，在符合土地利用总体规划和城市总体规划的前提下，根据老工业区搬迁改造用地需求，在编制下达年度土地利用计划时适当倾斜，保障老工业基地调整、改造建设项目用地；企业原址调整为工业遗址或文物保护区的，要优先保障企业搬迁建设用地；地方各级人民政府安排土地整治项目时，优先考虑老工业基地工矿废弃地治理和土地复垦。同时，还提出要研究探索“三线”调整、改造时期“三线”企业搬迁后闲置土地的合理利用途径。

（2）重庆市级

在规划引导政策方面，2014年重庆市政府出台《关于促进大渡口区老工业基地转型发展的意见》，在土地、产业、财政、金融4个方面给予了13个扶持政策。2014年出台的《重庆市人民政府关于加快发展战略性新兴产业的意见》《重庆市“十二五”科学技术和战略性新兴产业发展规划》和2015年出台的《重庆市推进供给侧结构性改革工作方案》为重庆市战略性新兴产业和战略性新兴服务业做出了总体战略指引。在行业层面，重庆市制定出台了《重庆市电子核心基础部件产业集群发展规划》《重庆市新能源汽车与智能汽车产业集群发展规划》《重庆市高端交通装备产业集群发展规划》

《关于加快发展节能环保产业的实施意见》等产业发展规划和指导意见，并从财税、资金支持等方面提供配套政策支持，为进一步提升战略性新兴产业核心竞争力和打造集群提供了良好的政策环境。2015 年出台的《重庆市人民政府办公厅关于印发重庆市环保产业集群发展规划（2015—2020 年）的通知》提出，按照生态文明建设总体要求，以重大环保工程为依托，培育一批成套技术设备龙头企业，不断拓展优势环保领域；以科技创新为支撑，突破一批环保关键和核心技术，不断提高产业竞争力；以开放引资为抓手，引进一批先进技术和重大项目，不断增强消化吸收能力；以政策扶持和要素供应为保障，不断优化产业发展环境，形成链条完备、布局合理的环保产业发展格局。2016 年，《重庆市人民政府办公厅关于加快发展战略性新兴服务业的实施意见》发布，提出到 2020 年，战略性新兴服务业增加值占服务业的比重超过 50%，形成一批各具特色、业态多样、功能完善的新兴服务业集聚区和产业集群，建成国家重要的现代服务业中心城市。

在财税激励政策方面，2014 年出台的《重庆市人民政府关于加快提升工业园区发展水平的意见》提出，市级有关部门财政专项资金和产业引导股权投资基金要加大对园区基础设施、生产设施、配套设施、公共平台建设和主导产业、中小科技型企业发展的资金补助、贷款贴息、股权投资等支持力度。2018 年出台的《重庆市经济和信息化委员会 重庆市财政局关于印发重庆市工业和信息化专项资金管理办法的通知》指出，重点支持大数据、云计算、人工智能及智能化应用等项目，重点支柱产业稳产促销增效项目，工业企业技术改造项目，新兴产业培育和产业技术创新项目，节能减排、绿色制造和精品制造项目，以及市委、市政府确定的其他重点项目。2019 年 7 月，重庆市人民政府办公厅出台《促进我市国家级开发区改革和创新发展若干政策措施》，提出对于在开发区建设且运行效果良好的研发设计、检验检测、创新创业、智慧园区、工业互联网等公共服务平台，市级工业和信息化专项资金按不超过其设备投入（包括项目研发、系统集成、信息网络、硬件建设等）的 10%给予补助，最高不超过 1 000 万元，其中获得国家级、市级认定的，再分别给予 100 万元、50 万元的一次性奖励。

在金融政策方面，2014 年出台的《重庆市人民政府关于加快提升工业园区发展水平的意见》指出，金融机构要创新融资担保方式和金融信贷产品，简化审贷手续，将做好园区金融支持作为金融支持经济结构调整和转型升级的重点，加快发展产业链金融、科技金融和绿色信贷；探索发展“园区+担保+银行”等金融支持模式，对园区及入园企业实施股权质押、知识产权等无形资产质押，生产设备和产成品等动产抵押；支持符合条件的投资者在园区设立小额贷款公司，支持现有小额贷款公司和融资担保公司为园区企业提供信贷服务和融资担保服务；支持园区企业和园区国有建设运营公司发展混合所有制经济，在国内外多层次资本市场上市融资，到场外交易市场挂牌，发行企业债券、私募债券、短期融资券、中期票据、中小企业集合票据和区域绩优集合债券等，拓宽直接融资渠道。2015 年出台的《重庆市人民政府办公厅关于印发重庆市环保产业集群发展规划（2015—2020 年）的通知》指出，鼓励金融机构开展特许经营权、排污权、碳排放权等抵（质）押贷款，支持环保企业开展股权融资、债券融资、融资租赁、票据融资、资产证券化等业务，引导股权投资基金进入环保产业。

在人才政策方面，2017 年重庆市人民政府印发的《重庆市引进海内外英才“鸿雁计划”实施办法》指出，“鸿雁计划”适用于重庆市现有企业引进或者来渝创办科技型企业（包括法人化研发机构）直接从事基础研究、应用研究和试验发展的研发类科技人才。“鸿雁计划”的人才奖励标准是，对于现有企业引进的人才，参照人才年缴纳个人所得税额度的一定倍数确定；对于从事科技创业的人才，可实行定额奖励。

（3）区级

在财税激励政策方面，大渡口区出台了《大渡口区节能环保产业发展扶持办法》《大渡口区众创空间建设工作行动方案》《大渡口区创新创业扶持办法》等政策文件，连续 3 年每年安排 1 000 万元建设众创空间，涵盖产业发展的各个领域和众创空间、科技服务、创业服务、人才服务、金融服务等多个方面。对于新认定的国家级、市级众创空间，分别奖励 100 万元、30 万元，鼓励企业、研究机构组建创新平台；对于新认定的国家级工程技术研究中心（重点实验室）、市级工程技术研究中心（重点实验室），分别给予 100 万元、50 万元资助，鼓励企业掌握核心关键技术，开发新产品，发展高新技术产业；对于新认定的国家级、市级重点新产品，分别奖励2万元、1万元；对于新认定的高新技术产品，给予1万元奖励；对于首次认定的高新技术企业，给予15万元奖励。

在人才政策方面，2018年大渡口区出台了《大渡口区扶持创新创业人才实施细则》，内容涉及“鸿雁计划”人才项目、“义渡英才”人才项目、人才房屋租金补贴项目、人才招聘补贴项目。其中，“鸿雁计划”人才项目重点支持科技型人才发展，支撑战略性新兴产业发展；“义渡英才”人才项目有计划、有重点地遴选支持一批能够代表大渡口区一流水平、具有领军才能和行业影响力的高层次人才（机关事业单位人才除外），并按照“财政支持、适当补贴”的原则给予人才项目经费资助。

3. 发展成效

2014年，重庆环保科技产业园在大渡口区建桥工业园挂牌成立，重点引进环保综合服务业、环保高端制造业，旨在通过收购、整合、合作等形式打造集群化产业体系。大渡口区以国家环保产业发展重庆基地——重庆环保科技产业园为重点，打基础、建平台、定方向、强招商，全面实施“一核心三平台五示范”战略，着力打造国内外有影响力的环保产业先行区、环境保护示范区，并取得了巨大成效。2016年，建桥工业园新引进环保企业13家，累计引进企业达到56家，实现主营业务收入45亿元。2016年1—9月，园区环保服务业实现营业收入3.2亿元。同时，园区推动天健监测、科蓝环保、佳兴环保等5家环境服务企业“升规入统”。重庆盎瑞悦科技有限公司编制的《采用二次物料复合技术处理生活垃圾焚烧飞灰工程技术规范（试行）》填补了一项国内空白。与此同时，作为园区龙头企业，三峰环境自2008年至今先后主编了《生活垃圾焚烧炉及余热锅炉》（GB/T 18750—2008）等6项国家标准，参编了11项国家和行业核心标准。大渡口区以重庆环保科技产业园为重点，聚焦节能环保高端装备制造业、节能环保服务业两大方向，围绕水处理、固体废物资源循环利用、环境监测、环境修复、大气污染治理、环保综合服务、节能七大领域打造全国具有影响力的环保产业基地。2018年，该区环保产业企业达到90家，其中26家规模以上企业实现营业收入 40 多亿元。2021 年，大渡口区节能环保产业营业收入总额约为 180 亿元。

3.3.4 国家环境服务业华南集聚区

1. 集聚区概况

国家环境服务业华南集聚区（以下简称“华南集聚区”）是由原环境保护部批复的国家环境服务业集聚区，自 2011 年成立以来已集聚环境服务业相关企业和专业机构 167 家[62]。5 家环保企业在广东省股权交易中心挂牌，3 家在主板和创业板上市，5 家在新三板上市。环境工程设计、施工与运营类企业有 94 家，占 56.3%；环境监测与检测类企业有 24 家，占 14.4%；环境咨询类企业有 19 家，占 11.4%；其他类型企业有 30 家，占 17.9%。经过多年的发展，华南集聚区既有瀚蓝环境、南华仪器、南方风机等龙头上市企业，也有长天思源、雅洁源、碧沃丰等多家新三板特色企业，业务涵盖环境检测认证、方案解决、咨询培训、技术研发、工程设计、清洁能源开发等领域，已经形成了一定的产业集聚效应，实现了环境服务业的全产业链条发展。

华南集聚区知名环保企业

瀚蓝环境股份有限公司是一家国有控股上市公司，于 2000 年在上海证券交易所上市（股票简称：瀚蓝环境，股票代码：600323）。该公司专注于环境服务产业，业务领域涵盖固体废物处理、自来水供应、污水处理、燃气供应等，致力于为城市提供生态环境服务解决方案。2017 年总资产为 141 亿元，营业收入为 42 亿元，净利润为 6.9 亿元。

佛山市南华仪器股份有限公司（股票代码：300417）成立于 1996 年，于 2010 年 12 月进行股份制改制，更名为佛山市南华仪器股份有限公司。现有产品包括机动车排放物检测仪器、机动车环保检测系统、机动车安全检测仪器及机动车安全检测系统，包括各种计算机检测/管理网络控制系统软件。

该公司系列产品已被全国 31 个省（区、市）及部队检测/维修机构选用，还广泛出口欧、美、亚等地区。企业及主导产品均取得国家计量部门相关认证和 ISO 9001 质量认证。

长天思源环保科技股份有限公司（新三板股票代码：830842）成立于 2000 年 7 月，总部位于华南集聚区瀚天科技城，专注于污染源在线监控系统集成及运营维护技术服务。该公司依托云计算、物联网、大数据技术，为政府、企业、公众提供智慧环保物联网服务整体解决方案，业务覆盖污染源在线监控系统、VOCs 自动监控和综合治理（和源子公司）、环境第三方检测（量源子公司）等方面。经过多年发展，该公司获得全国首批自动监控系统（水、气）运行服务能力一级认证证书，被认定为国家高新技术企业、广东省环境教育基地，组建了广东省环保物联网工程技术研究中心，并担任广东省环保物联网产业技术创新联盟秘书处单位。此外，该公司还荣获国家环境保护产业企业信用等级 AAA 级证书、广东省环境污染治理设施优秀运行服务单位等多项殊荣。

佛山市雅洁源科技股份有限公司（新三板股票代码：831197）于 2000 年开始从事水处理事业，总部坐落在瀚天科技城，是以直饮水设计及安装工程、应急饮用水设备、中（污）水处理为主业，集科研、设计、技术、生产、安装和服务于一体的专业公司。该公司是国家级高新技术企业，通过 ISO 9001：2008 国际质量管理体系的认定，于 2014 年完成股份制改造，2014 年 10 月 15 日在新三板成功挂牌。目前，该公司拥有水处理方面的多项专利，其中发明专利 14 项，拥有 10 项自主商标；已参与多项国标、行标的制定，2015 年成为行业标准“家用和类似用途中央净水设备”项目的组长单位。该公司的应急饮用水设备已参加多次国内外重大灾难救援活动，如尼泊尔救援、云南鲁甸地震救援、四川芦山地震救援等。

基于“十二五”期间国家大力发展环境服务业的重点和要求，结合广东省佛山市南海区发展环境服务业的基础和优势，华南集聚区确定了建设环境金融与贸易服务、污染治理设施社会化运营管理服务、环境技术服务三大主导产业。

在环境金融与贸易服务方面，南海区金融业和贸易业发展迅速，基金投资、风险投资、贷款担保投资等金融产品丰富，融资渠道较多，科技、金融、产业融合互动发展取得明显成效，为促进环境金融和环境贸易发展奠定了坚实基础。南海区正在筹划设立环保产业发展“天使基金”、企业创投基金等，以此带动社会资金的投入和参与，环境金融和环境贸易业已有一定的发展基础。

在污染治理设施社会化运营管理服务方面，南海区城镇生活污水集中处置设施已实现70%的社会化运营管理，工业企业污染治理设施的社会化运营也在不断增加，河涌环境综合整治采用工程总承包方式委托相关方实施，在全面推进和发展污染治理设施的社会化运营管理服务方面具有较好的基础。华南集聚区将以环境社会化服务模式创新为重点，大力推进综合环境服务、合同减排管理、设计建设运营一体化等新型环境服务模式试点，重点解决和突破服务模式实施中的主要政策“瓶颈”、制度障碍，带动政府环境管制政策制度的创新，使环境服务业的发展与环境管制政策创新有机结合，使南海区环境管理成为环境服务业创新的试验田。

在环境技术服务［包括环境技术与产品研发、环境工程设计、环境监理、环境监测与分析服务、技术评估、环境信息化技术（物联网）等］方面，华南集聚区以大力发展关键性集聚要素为目的，以环境技术服务平台建设和环境监测社会化服务试点为重点，大力发展技术检测认证、技术展示与交易，为环境技术的转化和产业化应用提供服务平台。

2. 政策制定情况

(1) 国家级

2018年6月发布的《中共中央 国务院关于全面加强生态环境保护 坚决打好污染防治攻坚战的意见》指出，要健全生态环境保护经济政策体系，大力发展绿色信贷、绿色债券等金融产品；大力发展节能和环境服务业，推行合同能源管理、合同节水管理，积极探索区域环境托管服务等新模式。华南集聚区是全国首个以发展环境服务业为主题的国家级示范区，是对接落实国家政策要求，探索建立绿色金融产品、创新环境托管服务等新模式，打造国家环境服务业新政策、新模式、新机制、新技术的“试验田”。因此，应充分发挥南海区现有的环境服务业发展基础，依托南海区特有的经济辐射和带动能力建设环境服务业集聚区，使之成为华南环境服务业发展的龙头区域，充分发挥华南集聚区的集聚效应和放大效益，将环境服务业发展成为南海区社会经济发展的重要生力军，同时带动全国环境服务发展焕发生机；充分借助“一带一路”“珠三角经济圈”“广佛肇经济圈”“粤港澳大湾区”“广佛同城”等发展战略机遇，加快创新驱动，通过“政策与技术模式、金融与贸易模式、机制与政策模式”的实践和创新，大力助推南海区环境服务业快速、优质发展，使华南集聚区的环境服务业成为南海区社会经济发展的重要组成部分；打造具有国内、国际影响力的环境服务业集聚区高地，充分发展南海区环境服务业的试点示范作用。

（2）广东省级

在规划引导政策方面，2015 年《广东省人民政府关于进一步做好新形势下就业创业工作的实施意见》（粤府〔2015〕78 号）发布，引导农村劳动力向珠三角和中心城镇及产业园区集聚，鼓励产业园区企业吸纳本地农村劳动力就近、就地就业。2016 年，《关于做好推动大众创新万众创业工作的实施方案》发布，提出通过建设一批创业创新载体、打造一批公共服务平台、组织一批创业创新培训项目、培育一批创新型企业、推动创业创新基地城市示范工作等，促进创业创新载体建设更加完善、创业创新服务能力显著提高、创新要素和创业资源不断集聚，激发创新创业活力。2018 年，《广东省人民政府关于强化实施创新驱动发展战略进一步推进大众创业万众创新深入发展的实施意见》（粤府〔2018〕74 号）发布，提出了创建珠三角国家科技成果转移转化示范区、打造国际风投创投中心、大力发展分享经济和数字经济、构建全链条创新创业孵化育成体系等 15 项具体实施意见。

在财税政策方面，广东省为支持创新创业，优先完善了创业政策体系和政策落实机制，出台了《广东省人力资源和社会保障厅关于省级优秀创业项目资助的管理办法》《广东省省级促进就业创业发展专项资金管理办法》等新一轮政策文件，促进一次性创业资助、租金补贴、创业带动就业补贴等创业扶持政策提标扩面。广东省人社部门牵头、会同多部门联合出台了《关于创业担保贷款担保基金和贴息资金管理办法》，进一步提升了政策覆盖面。2016—2020 年，广东省累计发放创业担保贷款 108.64 亿元，比“十二五”期间增长了 3.8 倍，有效解决了小微企业创业者融资难的问题，并通过促进创业带动就业。

（3）佛山市级

在规范引导政策方面，2013 年《佛山市人民政府关于印发〈佛山市推动民营企业跨越发展扶持办法〉的通知》（佛府函〔2013〕17 号）发布，在加大扶持力度、创造优良环境、实施分类支持、强化要素保障等方面提出了多项措施，促进了民营企业做大做强，推动了一批企业产值（或销售收入、营业收入）跨越 100 亿元、500 亿元、1 000 亿元，实现“三级跳”。2014 年，《佛山市人民政府办公室关于印发〈佛山市民营科技园产权分割和产权登记暂行办法〉的通知》（佛府办〔2014〕60 号）发布，提出多项提高土地集约利用水平、推动创新型城市建设的相关举措。2015 年，《佛山市人民政府关于印发〈佛山市加快培育高新技术企业专项行动方案（2015—2020 年）〉的通知》（佛府函〔2015〕50 号）发布，要求建立高新技术企业培育体系，着力推动企业按照国家高新技术企业的方向发展壮大，促进一大批高新技术企业做强、做大、做专、做精，发展成为掌握核心技术、拥有自主知识产权、具有国际竞争力的优质企业，到 2020 年年底，全市高新技术企业达 1 600 家。

在人才政策方面，2013 年《佛山市人民政府关于进一步加强技能人才队伍建设的意见》（佛府〔2013〕83 号）发布，要求力争通过几年的努力，依托佛山市新型显示器、半导体照明、新能源汽车、新一代信息技术、新能源、生物医药、高端装备制造、白色家电、新材料等重点产业的发展，培养一批企业急需的技术技能型、复合技能型和知识技能型人才，造就一支数量充足、结构合理、技艺精湛、与佛山市经济社会发展要求相适应的技能人才队伍。2018 年，《佛山市人才发展体制机制改革实施意见》印发，提出加大扶持力度全方位引才，市财政每年投入不少于 2.5 亿元对新引进的市科技创新团队给予资助，市财政每年投入不少于 1 亿元用于引进海内外高层次人才。2019 年，《佛山市高等教育高层次人才引进扶持办法》发布，对认定的高等教育高层次人才给予安家费补贴，对认定为高等教育高层次人才的市属人才和派驻人才按同等标准给予一次性科研启动经费补贴。

在技术创新政策方面，2013 年《佛山市人民政府办公室关于印发佛山市专利资助办法的通知》（佛府办〔2013〕14 号）发布，提出要建立健全以优势企业、现代产业为引领的专利增长机制和以科技型企业、科技园区为支撑的专利转化运用机制，对发明专利创造、专利维权援助、企业专利工作、平台专利工作等给予不同程度的资助；《佛山市人民政府办公室关于印发〈佛山市科技创新平台资助办法〉的通知》（佛府办〔2013〕13 号）提出，由市级财政预算安排，以补贴形式用于资助佛山市创新平台建设。2015 年，《佛山市人民政府办公室关于印发〈佛山市推动新一轮技术改造促进产业转型升级实施细则〉的通知》（佛府办〔2015〕29 号）发布，提出力争用 3 年左右的时间，推动全市先进制造业和优势传统产业实施新一轮技术改造，工业技术改造投资年均增长 28%左右，累计完成投资 1 400 亿元以上。2021 年，《佛山市科技创新团队资助办法》（2021 年修订）发布，经评审入选的科技创新团队将获得市财政专项经费资助，按照资助档次每个团队分别给予 200 万～2 000 万元经费资助。

在产业化政策方面，2008 年《佛山市促进环保产业发展工作方案》发布，提出召开一次促进环保产业发展的专家会议、制定一个促进环保产业发展的扶持政策、规划建设一个环保产业示范基地、举办一系列针对环保产业的招商引资活动、引入一个环保产业龙头项目的“五个一”任务，把环保产业扶植作为首要发展的新兴产业，2008—2015 年实现环保产业规模年增长 30%以上。2016 年，《佛山市人民政府办公室关于印发佛山市促进企业上市扶持办法的通知》（佛府办〔2016〕23 号）印发，要求进一步加大企业上市扶持力度，鼓励、推动更多企业利用资本市场实现跨越发展。

在财税政策方面，为缓解佛山企业融资难、融资贵的问题，2014 年 12 月，佛山市研究设立了佛山市支持企业融资专项资金。2015 年 2 月，《佛山市人民政府办公室关于印发佛山市支持企业融资专项资金管理暂行办法的通知》（佛府办〔2015〕3 号）正式下发，要求各区陆续制订具体的资金管理实施细则，并逐步落实财政资金，组建资金管理机构。2015 年 5 月初，各区开始办理具体资金转贷业务，支持企业融资专项资金取得初步成效，支持企业融资专项资金实现“全佛山、全产业、多行业”覆盖。2017 年，《佛山市支持企业融资专项资金管理办法》发布，规定了资金适用范围，明确要拓展资金使用范围。2016 年，《佛山市创新创业投资引导基金管理办法》）（南府〔2016〕30 号）印发，要求充分发挥财政资金的引导和放大作用，推动投资机构和社会资本进入佛山市产业投资和创新创业领域，加速推动科技、金融和产业的深度融合。

（4）南海区级

在人才政策方面，2012 年南海区政府实施人才团队创业计划，鼓励优秀创业团队来南海区创业，促进其科技成果在区内快速转化和产业化，为此发布了《佛山市南海区人才团队创业计划扶持办法》（南府〔2012〕9 号），对 A 类、B 类、C 类团队新成立公司分别给予 300 万元、200 万元、100 万元创业启动资金，并提供人才公寓、办公场所等优惠。2015 年 6 月，《佛山市南海区引进培育企业紧缺适用人才暂行办法》（南府办〔2015〕24 号）印发，提出对紧缺适用人才给予安家费补贴、政府津贴、租房补贴等人才引进优惠政策，给予一次性资助经费、学费补贴、培训补贴、学习交流及境外培训等人才培育优惠。

在技术创新政策方面，2016 年 9 月《佛山市南海区推进品牌战略与自主创新扶持奖励办法》（南府〔2012〕85 号）印发并实施，对符合奖励条件的在南海区行政区域内注册的企事业单位、行业协会在自主创新、创知名品牌、制定技术标准、完善计量检测体系等方面给予不同程度的奖励。为盘活科技创新资源，营造“大众创业，万众创新”的良好氛围，南海区政府于 2018 年发布了《佛山市南海区科技创新券实施管理办法》，引导区内企业积极创新，兑现创新服务的“代金券”，服务内容包含研发设计、科技金融、知识产权、检验检测、科技中介与推广等，分别给予符合条件的小微企业和良好小微企业 5 万元、10 万元额度。2018 年 8 月，《佛山市南海区推进专利发明工作扶持办法（修订）》发布，针对南海区内的企事业单位、社会团体等实体机构及个人，给予中国发明专利申请费、实审费、年费等扶持，中国发明专利、实用新型专利授权扶持，新兴产业发明专利申请、授权扶持，专利代理机构扶持，知识产权服务平台扶持，知识产权培训扶持等多方面的扶持措施。

在产业化政策方面，2011 年《佛山市南海区促进环保产业发展扶持和奖励办法》（南府〔2011〕278 号）印发，区政府设立总额 15 亿元的促进环保产业发展专项资金，安排 10 亿元支持华南集聚区的产业载体和公共平台建设，在未来 5 年安排 5 亿元采用奖励与补助的方式，用于环保产业企业扶持奖励、上市环保产业企业扶持奖励、环保产业企业贷款贴息扶持、合同能源管理与合同减排项目奖励、重大环保技术成果示范应用工程扶持等方面。2017 年，《佛山市南海区进一步促进环保产业发展扶持和奖励办法》（南府〔2017〕25 号）发布，提出 2016—2020 年，南海区政府设立促进环保产业发展专项资金，总金额达 5 亿元，支持新成立的环保企业、环保企业做大做强、环境污染第三方治理、环保技术研发与引进、环保人才培育、环保企业项目融资、环保产业发展。2018 年，《佛山市南海区促进优质企业上市和发展扶持办法（修订）》发布，提出要调动区内企业走资本市场道路的积极性，鼓励和支持企业开展规范化股改，进一步推动企业上市。

在财税政策方面，2018 年《佛山市南海区中小企业融资风险补偿专项子基金管理办法》发布，南海区政府设立“佛山市南海区中小企业融资风险补偿专项子基金”，加强对区内中小企业的扶持，引导金融机构加大对中小企业融资的支持力度，切实缓解中小企业融资难的问题。2018 年，《佛山市南海区支持企业融资专项资金管理实施细则》发布，要求积极发挥财政资金扶持作用，加强企业和金融机构的协作和互信，帮助企业获得融资支持。

3. 发展成效

一是建成十二大功能中心。华南集聚区在核心园区瀚天科技城搭建了占地 3 676.92 m^2 的环保产业促进平台。通过政府引导、市场运作的方式，委托第三方专业公司广东海逸环保产业服务有限公司进行平台建设、管理与运营，现已建成十二大功能中心，即环境服务超市、村级工业区环保服务站、解决方案中心、对外合作交流中心、教育培训中心、环境技术检测和认证中心、企业服务与招商中心、企业孵化中心、科技金融合作中心、信息发布中心、产业研究中心、展示中心，为政府和企业提供环境服务超市、对外合作交流、教育培训、产业研究、环境技术检测和认证等系列服务，使华南集聚区的公共服务能力得到整合。

华南集聚区环保产业促进平台十二大功能中心建设成效

环保产业促进平台设在华南集聚区，下设十二大功能中心。

一、展示中心

职能：运用先进的技术和手段，全面展示国内外最新节能环保技术、产品、资讯、解决方案与应用范例，为产业搭建技术、产品的展示、应用、交流和推广平台。

运营成果：华南集聚区的建设得到政府的重视和关怀，多位重要领导都莅临集聚区进行考察，开展指导工作，对集聚区的工作成果给予高度肯定。

二、环境技术检测和认证中心

职能：积极引入国家级及省级检测认证机构入驻，为企业提供相关资格认证、环保产品认证和质量管理体系认证等服务。

运营成果：引进了由中国科学院广州地球化学研究所与佛山市南海区人民政府联合共建的环境与安全检测认证中心（佛山市中科院环境与安全检测认证中心）。除此之外，还引进了一些优质的民营检测公司，如广东维中检测技术有限公司，为华南集聚区的环境检测认证服务提供了强力支持和保障。

三、解决方案中心

职能：继续引进高水平的环境技术系统解决方案提供商，以“环保达标、总量减排、节能增效”为目标，为环境服务业提供环境技术咨询服务、环境技术系统解决方案服务和环境单项系统工程服务。

运营成果：整合华南集聚区内外从事环评咨询、检测监测、清洁生产、环保工程、危险废物处置、清洁能源、金融服务、法律服务等环保企业资源，组建“集聚区环境服务队”，为企业提供优质的解决方案。集聚区环境服务队按片区再设分队，对进入各个片区的村级工业区进行企业环境管理情况摸查，目前已摸查558家企业。

四、科技金融合作中心

职能：加大建立产学研交流合作平台、投融资平台、环境权益交易平台、再生资源交易平台、技术合作和转移平台的力度，为产业提供技术、人才、金融和交易等全方位支持服务。

运营成果：引入南海农商银行等金融机构，结合环保工程服务、环保设施设备的供应，采用融资租赁、设备抵押等方式，大幅降低企业治污的经济负担，最高抵押率可达70%。另外，科技金融合作中心与广东金融高新区股权交易中心达成战略合作协议，帮助华南集聚区环保企业找到快速有效的融资方法、渠道和途径，真正解决中小微环保企业融资难的问题。

五、信息发布中心

职能：继续完善“国家环境服务业华南集聚区”门户网站，强化集聚区形象宣传，发布产业规划、最新产业动态、项目招投标信息、产业供需信息，推介区内投资环境、产业招商和促进政策。

运营成果：积极发布集聚区形象宣传、产业规划、产业动态、项目招投标信息、产业供需信息，推介集聚区投资环境、产业招商和促进政策。以佛山市环境保护产业协会和佛山市南海区环境保护产业协会的会员信息为依托，成立微信群，为集聚区企业提供一个资讯获取、信息交流的平台。目前，已经发布了“大气污染防治”重点专项试点启动、陶瓷企业烟气整治、环保产业+互联网环境治理服务体系、环保“十三五”规划增加4项污染物控制、南海区投入2.2亿元整治河涌等超过150条环保信息。

六、企业服务与招商中心

职能：主要建立企业综合服务与招商平台，承担政府委托的行业服务和管理职能，承接政府环境治理政策业务服务对接和组织实施，参与集聚区招商工作，为进驻企业提供“一条龙”全方位服务和支持。

运营成果：集聚区已引进国内外知名节能环保企业 96 家，涵盖环境检测认证、方案解决、环境决策咨询、清洁生产咨询、技术贸易与创新、节能环保技术服务、污染治理设施运维、环境大数据、环境金融与贸易、产品和装备制造、清洁能源、环保产业基金、环保人才培养、环保宣教等领域，形成了比较完整的环境服务链。

七、对外合作交流中心

职能：积极组织环保企业对外开展招商、技术交流合作、外出参观参展，拓宽对外交流和市场渠道，加强企业与企业之间的联系和合作共赢。

运营成果：共组织集聚区企业参加国内外知名环保展会 12 次，对外展示集聚区建设情况及集聚区企业的产品、技术、解决方案等信息；集合市、区环保产业协会，早稻田南海办事处等力量，积极组织对外招商、技术交流、推介、外出参观参展，拓宽对外交流和市场渠道；组织和参与有代表性的环保行业交流活动超过 40 场，参与活动的环保企业来自日本、英国、德国、加拿大、波兰、以色列等国家。

八、教育培训中心

职能：完善教育培训基地，力促环保专业人才培养，鼓励适合华南地区环境治理和生态建设的先进环保项目与优秀创业团队在基地孵化落地；同时，积极开展环保知识教育培训。

运营成果：整合广东省环境保护产业协会产业培训体系和博硕光华企业管理咨询培训机构资源，为集聚区环保企业的技术研发、检测认证、资金融通、人才培训认定、品牌形象展示、行业交流及企业管理、企业绩效管理、内部培训等设计丰富的培训课程，开展相关培训超过 60 场，参加人数超过 5 000 人次；与佛山碳联科技有限公司共同运营广东省环境宣传教育中心，推进区域环境宣教工作，通过主办、承办或协办公众环境教育活动，在全省 268 个中小学校开展环境宣教工作，覆盖佛山、广州、中山、潮州、汕尾、揭阳、河源、梅州等地。

九、企业孵化中心

职能：积极为高科技型中小企业提供适宜的成长环境及配套服务，协助企业快速发展。

运营成果：与国家级孵化器“创享蓝海”合作，对模式创新、技术创新类的环境服务企业或项目，按照相关法律法规政策给予初创阶段扶持，并通过市场化方式进行导入。目前，环保产业促进平台已帮助佛山瀚海荣天环保科技有限公司、佛山市碳联科技有限公司、佛山山象环保工程服务有限公司、佛山瀚海荣天环保科技有限公司等企业进入孵化中心。另外，环保产业促进平台积极推动集聚区与广东环保学院联手共创环境服务业大学生创业就业基地，为大学生在环境服务业领域的创业提供指导和孵化服务。

十、产业研究中心

职能：积极收集环保产业供需双方的意见反馈，制定环保行业指导意见，研究产业发展方向与动态，有针对性地提供指导意见。

运营成果：与华南理工大学、西安交通大学、中山大学、广东省标准化研究院等科研机构保持紧密联系互动，努力为科技成果转化和产学研供需双方提供服务。目前，共举行环境服务专题研讨、交流活动 25 次，主要活动包括华南首届清洁生产学术研讨会、“生态铝材”专题研讨会、VOCs 污染治理技术专题研讨会、“绿动佛山”第三届佛山环境保护暨绿色发展研讨会、电镀与皮革行业专项整治研讨会、村级工业区环境服务研讨会等。

十一、环境服务超市

职能：聚焦建设村级工业区环保服务站，以 O2O 模式进一步升级完善环境服务超市，完善区内环境治理服务体系。

运营成果：目前已进驻具有资质的环保企业 60 多家，汇集各类环境服务解决方案超过 150 个，包括废气治理、废水治理、固体废物治理、环境评价、清洁生产、环境监测等。网站、电话业务咨询量超过 300 人次，服务内容包括餐饮油烟、企业臭气、VOCs、工业废液治理、环境应急处理处置等。

十二、村级工业区环保服务站

职能：组织华南集聚区企业驻点村级工业区环保服务站，以服务站为根据地为工业区的生产企业提供专业环保服务，探索开展污染物集中治理工程。

运营成果： 华南集聚区组建了环境服务队，组织来自集聚区企业的80位专业人士编制组成总队和八支支队。目前已顺利完成了里水洲村和大步村、桂城平西村、狮山罗村和塱下村、大沥河东村、九江烟南村和镇南村、丹灶西城村、西樵上金瓯村等多处村级工业集中区的服务试点工作。对上述村级工业集中区共558家企业实施了集中宣教、上门核查、现场诊断、现场建议、建立企业环保手册（“一企一册”）、后续咨询等专业服务，并结合村级工业集中区企业的环境管理情况，分别向有关村级工业园区提出了“一村一策”的书面报告和建议。

二是推广第三方治理模式。华南集聚区积极响应国务院、生态环境部关于深入推进环境污染第三方治理、打好打赢污染防治攻坚战的号召，以环境工程服务业为主要抓手，深化推进“环境污染第三方治理”新模式。研究制定《环境污染第三方治理法律关系规范化法律意见》和《环境污染第三方治理规范服务合同范本》，指导开展环境污染第三方治理工作，建立一批环境污染第三方治理试点案例，形成环境服务超市、环境服务队、环境服务站、环保顾问“四位一体”的第三方治理新模式。

三是全面推广“采测分离”新模式。在环境监测市场领域，分阶段、全面普及“采测分离”新模式，将环境样本采集工作和分析测试工作分别交由不同单位承担。由环境监测部门统一制订实施计划，第三方机构按照技术规范进行采样，分析实验室对加密并混合后的样本进行集中分析，原始监测数据直传监测站，并对检测全流程留痕质控。监测站完成数据汇总审核后，及时与生态环境部门共享并通报委托方，最大限度地保障了数据的真实性和准确性。

四是建设智慧环保体系。华南集聚区综合运用物联网、大数据、云计算、移动互联等技术手段，全面推进智慧环保体系建设，将物联网技术推广应用于环境监测、环境监察、环境应急、环境宣教等各个领域。智慧环保项目获评广东省智慧城市十大示范项目，并入选国家智慧城市创建典型案例。

五是发展环保金融服务。华南集聚区与广东金融高新技术服务区、民生银行佛山支行、中国平安保险公司等多家金融服务机构建立战略合作关系，为集聚区企业提供环保基金、风险投资、项目贷款、股权融资等各类创新性金融服务，发展绿色信贷。

六是人才引进及培养成效显著。2015 年，南海区高端人才联谊会成立，其中包括省、市、区三级认定的高层次人才，在南海区工作的博士，具有正高级职称的人才，省、市、区创新创业团队核心成员，重点企业高级经营管理人才等，主要围绕产业、文教、医卫等关键领域多次举办“才智沙龙”“南海人才看南海”“科创导师进校园”“悦读南海”等品牌活动。高端人才联谊会不仅可为高端人才提供落户、子女入学、医疗保健等与人才政策相关的个性化定制服务，还将通过开展“人才好声音”为南海区的发展建言献策，通过天使融资对接会、才智沙龙学术交流、高端人才义工队伍等品牌活动构建南海区人才交流生态圈。依托清华大学、中山大学、深圳清华大学研究院和广东省环境保护工程职业学院的科研力量和团队，华南集聚区形成了以企业为主体、以高校和科研院所为支撑、多部门协同推进的产学研合作机制，在力合（佛山）科技园建设环保产业孵化器，在瀚天科技城设立大学生创业就业基地。

4 环保产业集聚区创新创业政策作用力研究

4.1 政策作用力矩阵构建

如前所述，环保产业集聚区的发展分为 4 个阶段。为分析得出不同促进政策在环保产业集聚区发展不同时期作用力的强弱程度，本书将作用力强弱程度分为 4 个等级。

“强”：代表该项促进政策对集聚区环保发展的作用力大，作用最为关键。

“中”：代表该项促进政策的作用力居中，发挥的作用较“强”的等级弱，但仍是本阶段促进集聚区环保产业发展不可缺少的关键政策。

“弱”：代表该项促进政策的作用力弱，是本阶段对促进集聚区环保产业企业发展作用不大的政策。

“无”：代表该项促进政策没有作用力，是本阶段对环保产业发展无作用的政策/制度。

以促进环保产业发展的环境管理政策/制度作为矩阵纵坐标，以环保产业发展的 4 个阶段作为矩阵横坐标，构建环境政策/制度与环保产业发展不同阶段的矩阵关系，见表 4-1。

表 4-1 环保产业促进政策与环保产业集聚区发展不同阶段的矩阵关系

政策分类	序号	促进政策	初创阶段				成长阶段				成熟阶段				转型阶段			
			强	中	弱	无	强	中	弱	无	强	中	弱	无	强	中	弱	无
科技人才政策（P1）	1	高层次人才吸引政策（包括户籍政策、居住政策、家属就业、子女教育、简化审批制度，为人才提供一站式服务）（P11）																
	2	科技创新支持政策（领军人才和企业创新创业团队奖励政策、环保学术技术带头人、拔尖人才资助资金支持、科技创业人才无偿资助资金、留学人员环保产业创业资助）（P12）																
	3	人才培训平台（资格考试培训、继续教育基地、在线教育系统、学术讲座等）（P13）																
	4	人才服务政策（人才交流中心、人才储备库、人才流动中介服务机构）（P14）																
财税激励政策（P2）	5	政府采购政策（政府采购新技术产品、政府首购政策）（P21）																
	6	财政引导资金（支持技术开发与成果转化，对中间试验和重大科研项目采用“前补助”，对科技创新研究成功的企业项目给予“后奖励”）（P22）																
	7	自主创新基金（对一些较成熟的项目实行无息或低息贷款，作为企业进行技术成果转化和产业化开始阶段的启动资金，采用参股方式支持中小企业研发新技术、新产品）（P23）																
	8	加速折旧（科技型、创新型企业提高与其创新有关的资产或者设备折旧率）（P24）																

政策分类	序号	促进政策	初创阶段				成长阶段				成熟阶段				转型阶段			
			强	中	弱	无	强	中	弱	无	强	中	弱	无	强	中	弱	无
财税激励政策（P2）	9	税收减免政策（对中间试验产品实行税收减免，对专利收入实行免税政策，对风险投资企业实行税收优惠）（P25）																
	10	土地优惠政策（如场地租金减免、龙头企业入园土地优惠政策）（P26）																
金融政策（P3）	11	信贷支持政策（国家四大行或地方商业银行、政策性银行以低息贷款的方式支持园区小型高科技企业发展，基于园区企业信用评级提供融资担保）（P31）																
	12	风险投资政策（通过风险投资基金加大对园区新三板潜在企业投资力度，基于园区企业购买科技保险费用给予一定补贴）（P32）																
	13	创业投资基金（政府通过财政出资设立创业投资引导基金作为母资金，并引导社会资金投资设立各类创业投资子资金，投资处于起步期、种子期的创业较早的初创企业）（P33）																
	14	对外贸易政策（开展人民币用于国际贸易结算试点、建立外汇交易平台工作，开展离岸金融业务）（P34）																
规范引导政策（P4）	15	园区产业发展规划（P41）																
	16	知识产权保护政策（对知识产权优秀企业、服务机构、工作者予以奖励，免费提供专利查新服务）（P42）																

政策分类	序号	促进政策	初创阶段				成长阶段				成熟阶段				转型阶段			
			强	中	弱	无	强	中	弱	无	强	中	弱	无	强	中	弱	无
规范引导政策（P4）	17	园区企业信用体系建设（包括工商、税务信息和企业信用评级）（P43）																
	18	行业组织支持政策（扶持行业协会和产业联盟等行业组织发展建设，开展市场开拓、行业自律、服务品牌整合、标准制定、信息服务、技术创新交流推广等）（P44）																
	19	认证、检测、技术评估政策（建设技术检测认证中心、技术服务与展示中心）（P45）																
配套服务政策（P5）	20	园区品牌创建与宣传（举办环保高峰论坛、推介会等，设立品牌日，多渠道宣传自主品牌，注册集体商标，塑造园区文化）（P51）																
	21	园区基础设施建设（交通、电力、通信等基础设施的建设）（P52）																
	22	创新创业孵化器和研发基地建设（P53）																
	23	入园企业手续简化政策（P54）																

4.2 政策作用力评价方法

4.2.1 不同发展阶段政策作用力评价

1. 评价方法

（1）单因素评价方法

将环保产业集聚区发展的各个阶段作为评价因素，构成评价因素的有

限集合 $\boldsymbol{U}$:

因素集 $\boldsymbol{U}$=（$u_1\ u_2\ u_3\ u_4$）=（初创阶段 成长阶段 成熟阶段 转型阶段）

将环保产业政策对园区环保产业发展的促进作用“强”“中”“弱”“无”4 个等级，分别记为 v_1、v_2、v_3、v_4，构成评价集 $\boldsymbol{V}$:

评价集 $\boldsymbol{V}$=（$v_1\ v_2\ v_3\ v_4$）=（强　中　弱　无）

将环保产业发展各阶段的具体环境政策/制度对产业发展的促进作用“强”“中”“弱”“无”4 个评价等级的占比作为评价值，构成评价的有限集合 $\boldsymbol{B}$，则集合 $\boldsymbol{B}$ 是评价集合 $\boldsymbol{V}$ 上的单因素评价矩阵：

$$\boldsymbol{B}=\begin{pmatrix}\boldsymbol{B}_1\\ \boldsymbol{B}_2\\ \vdots\\ \boldsymbol{B}_n\end{pmatrix}=\begin{pmatrix}b_{11} & b_{12} & b_{13} & b_{14}\\ b_{21} & b_{22} & b_{23} & b_{24}\\ & & \vdots & \\ b_{n1} & b_{n2} & b_{n3} & b_{n4}\end{pmatrix}$$

例如：若“高层次人才吸引政策（P11）”对环保产业园区初创阶段的作用力大小为 70%以上，则认为“强”；若为 30%～70%，则认为“中”；若为 0～30%，则认为“弱”；若为 0，则认为“无”。因素集 $\boldsymbol{U}$ 中的评价因素 u_1 对应评价集 $\boldsymbol{B}$ 的评价值，$\boldsymbol{B}_{11}$=（$b_{111}\ b_{112}\ b_{113}\ b_{114}$）=（0.70 0.30 0 0）。

（2）专家咨询法

采用专家咨询法时，由园区行政管理人员、科研院所环保产业专家、行业协会专家和企业界产业资深人员等共计 22 位人员构成专家组，其中园区管理人员 11 人（占 50%）、科研院所专家 5 人（占 22.73%）、行业协会专家 5 人（占 22.73%）、企业界专家 1 人（占 4.54%）。各专家结合经验并经过研讨后完成对表 4-1 的评价，对比不同促进政策在环保产业集聚区各发展阶段对产业发展作用力的强弱程度，在认为适合的评价等级中打“√”。

2. 评价分析

通过对专家评价结构进行统计获得单因素评价矩阵（表 4-2）。

表 4-2 环保产业集聚区发展不同阶段环保产业政策促进作用力矩阵评价

政策/制度编号	评价值	u_1				u_2				u_3				u_4			
		b_{n1}	b_{n2}	b_{n3}	b_{n4}	b_{n1}	b_{n2}	b_{n3}	b_{n4}	b_{n1}	b_{n2}	b_{n3}	b_{n4}	b_{n1}	b_{n2}	b_{n3}	b_{n4}
P11	$\boldsymbol{B}_1$	0.59	0.32	0.09	0.00	0.45	0.50	0.05	0.00	0.18	0.59	0.23	0.00	0.09	0.32	0.41	0.18
P12	$\boldsymbol{B}_2$	0.73	0.23	0.05	0.00	0.64	0.36	0.00	0.00	0.27	0.50	0.23	0.00	0.14	0.50	0.27	0.09
P13	$\boldsymbol{B}_3$	0.09	0.41	0.41	0.09	0.18	0.68	0.14	0.00	0.27	0.50	0.23	0.00	0.05	0.32	0.50	0.14
P14	$\boldsymbol{B}_4$	0.23	0.41	0.36	0.00	0.41	0.50	0.09	0.00	0.18	0.68	0.14	0.00	0.27	0.50	0.23	0.00
P21	$\boldsymbol{B}_5$	0.45	0.41	0.14	0.00	0.55	0.41	0.05	0.00	0.23	0.45	0.32	0.00	0.09	0.32	0.36	0.23
P22	$\boldsymbol{B}_6$	0.73	0.18	0.09	0.00	0.77	0.23	0.00	0.00	0.55	0.32	0.14	0.00	0.27	0.32	0.27	0.14
P23	$\boldsymbol{B}_7$	0.82	0.09	0.09	0.00	0.82	0.14	0.05	0.00	0.36	0.45	0.18	0.00	0.14	0.50	0.23	0.14
P24	$\boldsymbol{B}_8$	0.18	0.36	0.45	0.00	0.41	0.45	0.14	0.00	0.45	0.41	0.14	0.00	0.23	0.50	0.09	0.18
P25	$\boldsymbol{B}_9$	0.68	0.23	0.09	0.00	0.73	0.18	0.09	0.00	0.50	0.27	0.23	0.00	0.32	0.23	0.32	0.14
P26	$\boldsymbol{B}_{10}$	0.82	0.14	0.05	0.00	0.59	0.32	0.09	0.00	0.23	0.45	0.32	0.00	0.18	0.18	0.36	0.27
P31	$\boldsymbol{B}_{11}$	0.68	0.18	0.14	0.00	0.68	0.27	0.05	0.00	0.41	0.45	0.14	0.00	0.32	0.32	0.23	0.14
P32	$\boldsymbol{B}_{12}$	0.41	0.41	0.14	0.05	0.50	0.32	0.18	0.00	0.27	0.59	0.14	0.00	0.18	0.32	0.36	0.14
P33	$\boldsymbol{B}_{13}$	0.64	0.32	0.05	0.00	0.55	0.45	0.00	0.00	0.27	0.50	0.14	0.09	0.23	0.18	0.36	0.23
P34	$\boldsymbol{B}_{14}$	0.05	0.50	0.45	0.00	0.18	0.55	0.27	0.00	0.36	0.36	0.27	0.00	0.05	0.36	0.50	0.09
P41	$\boldsymbol{B}_{15}$	0.77	0.23	0.00	0.00	0.73	0.23	0.05	0.00	0.32	0.50	0.18	0.00	0.36	0.23	0.36	0.05
P42	$\boldsymbol{B}_{16}$	0.36	0.32	0.32	0.00	0.55	0.32	0.14	0.00	0.45	0.36	0.18	0.00	0.23	0.36	0.27	0.14
P43	$\boldsymbol{B}_{17}$	0.27	0.32	0.32	0.09	0.45	0.41	0.14	0.00	0.59	0.18	0.23	0.00	0.23	0.36	0.36	0.05
P44	$\boldsymbol{B}_{18}$	0.36	0.36	0.27	0.00	0.45	0.50	0.05	0.00	0.55	0.36	0.09	0.00	0.23	0.41	0.36	0.00
P45	$\boldsymbol{B}_{19}$	0.09	0.55	0.32	0.05	0.55	0.32	0.14	0.00	0.45	0.36	0.18	0.00	0.09	0.45	0.41	0.05
P51	$\boldsymbol{B}_{20}$	0.55	0.18	0.27	0.00	0.73	0.27	0.00	0.00	0.50	0.45	0.05	0.00	0.18	0.36	0.27	0.18
P52	$\boldsymbol{B}_{21}$	0.86	0.05	0.09	0.00	0.73	0.23	0.00	0.05	0.32	0.45	0.23	0.00	0.14	0.27	0.50	0.09
P53	$\boldsymbol{B}_{22}$	0.59	0.27	0.14	0.00	0.55	0.41	0.05	0.00	0.32	0.45	0.23	0.00	0.14	0.27	0.50	0.09
P54	$\boldsymbol{B}_{23}$	0.68	0.23	0.09	0.00	0.41	0.45	0.14	0.00	0.23	0.41	0.36	0.00	0.14	0.14	0.55	0.18

（1）作用力排序

在环保产业集聚区发展各阶段，不同环保产业促进政策作用力的单因素评价结果可用图 4-1 表示。

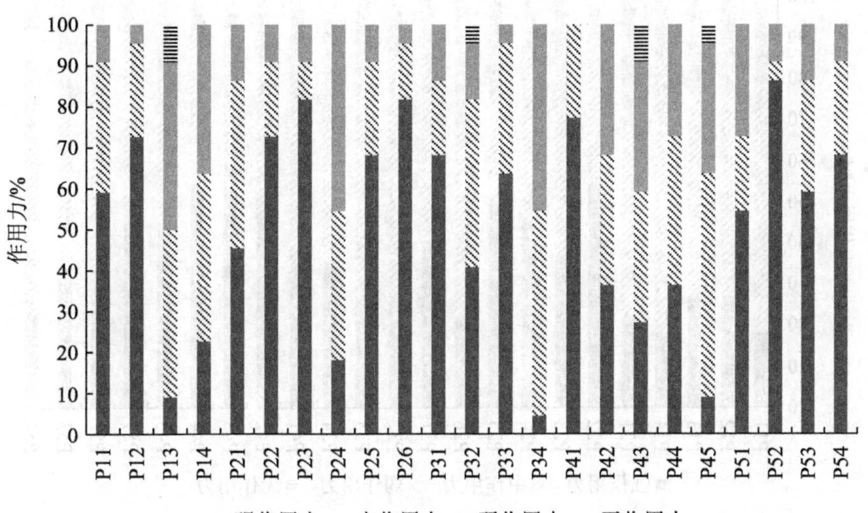

（a）初创阶段

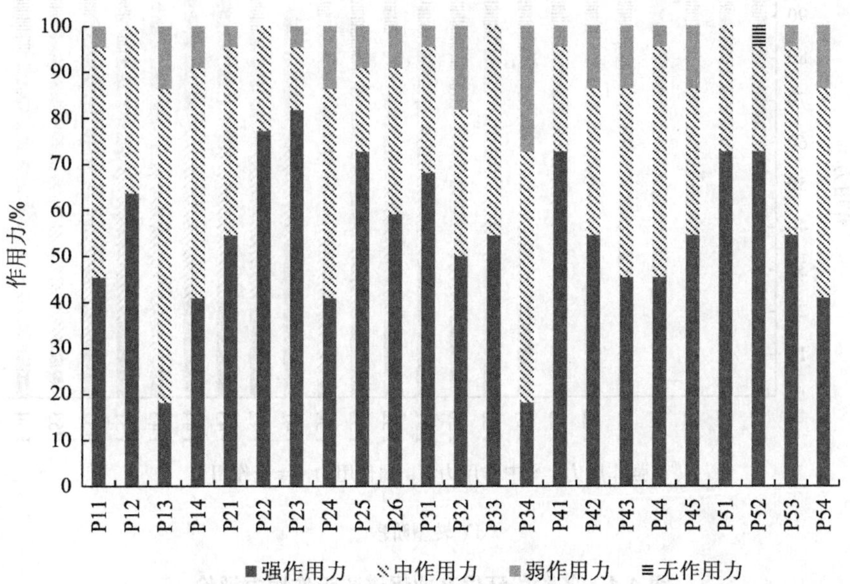

（b）成长阶段

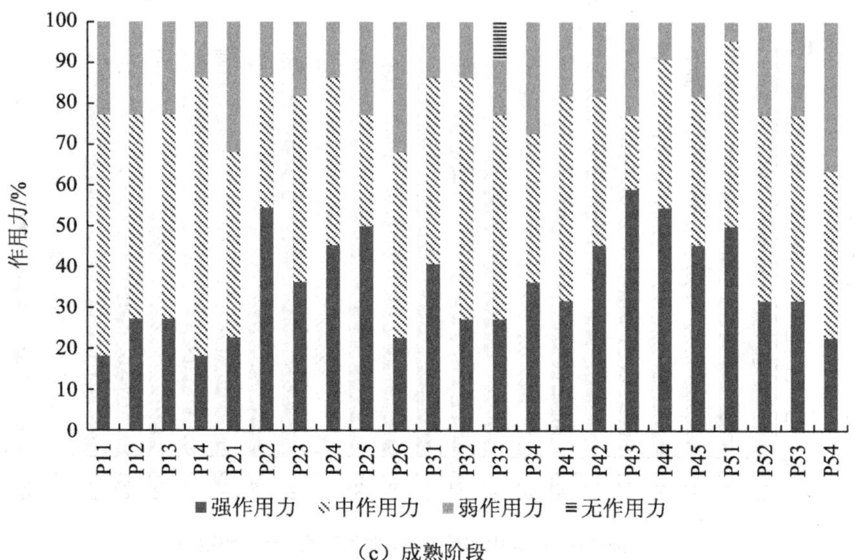

（c）成熟阶段

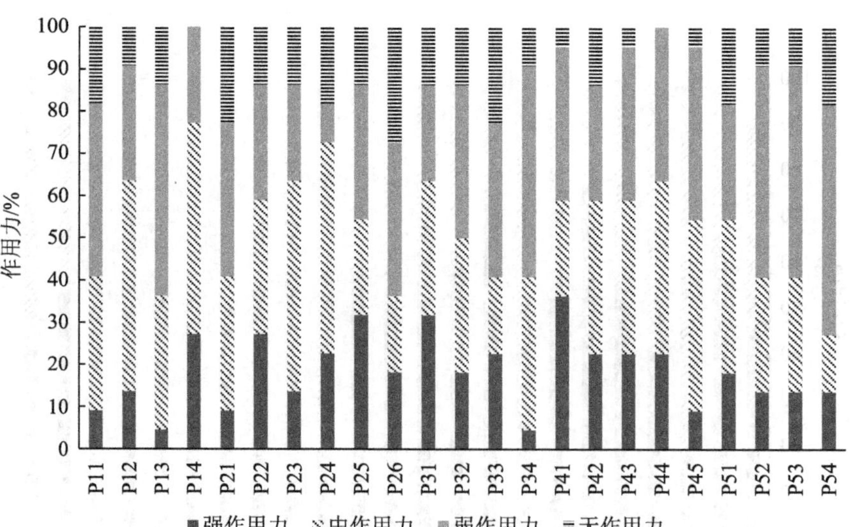

（d）转型阶段

图 4-1 各阶段环保产业促进政策作用力评价

（2）评价结果

将每项具体政策在园区发展每个具体时期"强""中""弱""无"评价结果占比最高的评价作为最终评价结论，得到不同促进政策在集聚区建设发展不同时期的作用力评价结果，见表4-3、图4-2。

表4-3 环保产业促进政策在集聚区建设发展不同时期的作用力评价结果

政策分类	序号	促进政策	初创阶段	成长阶段	成熟阶段	转型阶段
科技人才政策（P1）	1	高层次人才吸引政策（P11）	中	中	弱	弱
	2	科技创新支持政策（P12）	强	中	弱	弱
	3	人才培训平台（P13）	弱	弱	弱	弱
	4	人才服务政策（P14）	弱	中	弱	弱
财税激励政策（P2）	5	政府采购政策（P21）	中	中	弱	弱
	6	财政引导资金（P22）	强	强	中	弱
	7	自主创新基金（P23）	强	强	中	弱
	8	加速折旧（P24）	弱	中	中	弱
	9	税收减免政策（P25）	中	强	中	中
	10	土地优惠政策（P26）	强	中	弱	弱
金融政策（P3）	11	信贷支持政策（P31）	中	中	中	中
	12	风险投资政策（P32）	中	中	弱	弱
	13	创业投资基金（P33）	中	中	弱	弱
	14	对外贸易政策（P34）	弱	弱	中	弱
规范引导政策（P4）	15	园区产业发展规划（P41）	强	强	中	中
	16	知识产权保护政策（P42）	中	中	中	弱
	17	园区企业信用体系建设（P43）	弱	中	中	弱
	18	行业组织支持政策（P44）	中	中	中	弱
	19	认证、检测、技术评估政策（P45）	弱	中	中	弱
配套服务政策（P5）	20	园区品牌创建与宣传（P51）	中	强	中	弱
	21	园区基础设施建设（P52）	强	强	中	弱
	22	创新创业孵化器和研发基地建设（P53）	中	中	中	弱
	23	入园企业手续简化政策（P54）	中	中	弱	弱

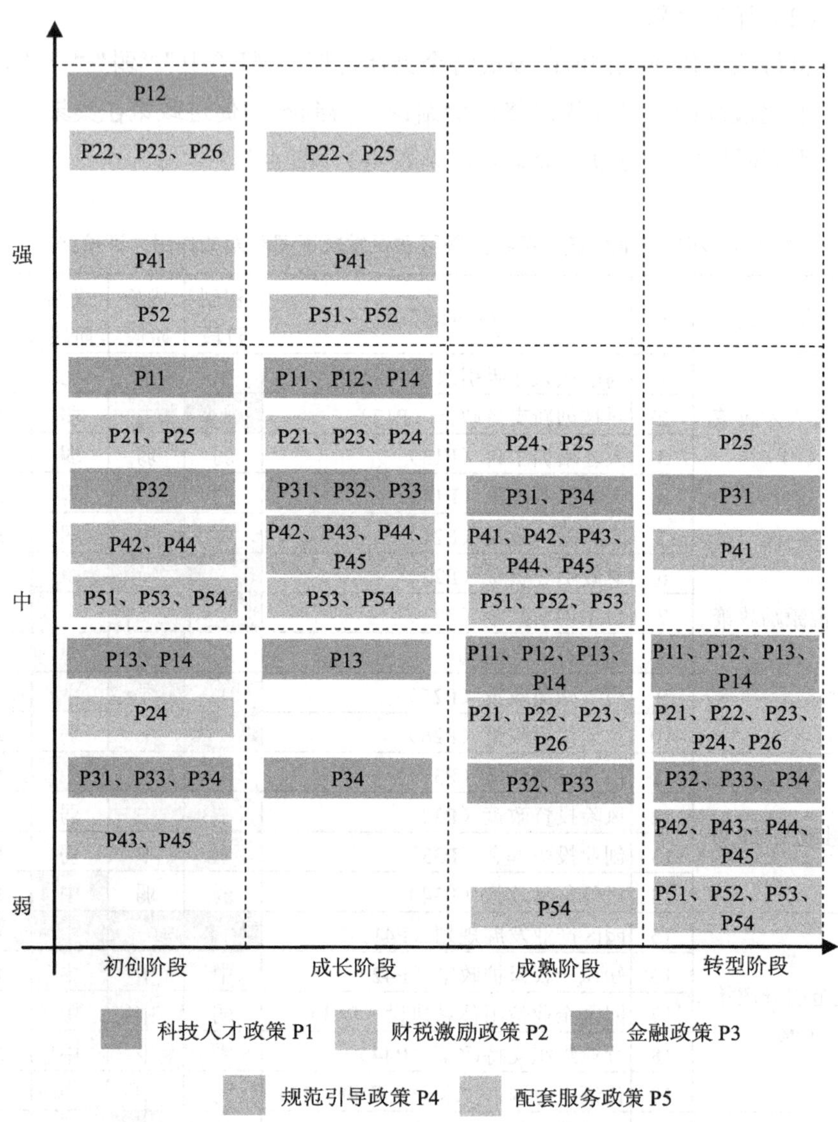

图 4-2 不同环保产业促进政策在集聚区建设发展不同时期的作用力

将集聚区发展各阶段环保产业促进政策作用力评价结果进行排序，结果如图 4-3 所示。

100
90
80
70
60
50
40
30
20
10
0
作用力/%
P52
P23
P26
P41
P12
P22
P25
P31
P54
P33
P11
P53
P51
P21
P32
P42
P44
P43
P14
P24
P13
P45
P34
强作用力
中作用力
弱作用力
无作用力

（a）初创阶段

100
90
80
70
60
50
40
30
20
10
0
作用力/%
P23
P22
P25
P41
P51
P52
P31
P12
P26
P21
P33
P42
P45
P53
P32
P11
P43
P44
P14
P24
P54
P13
P34
强作用力
中作用力
弱作用力
无作用力

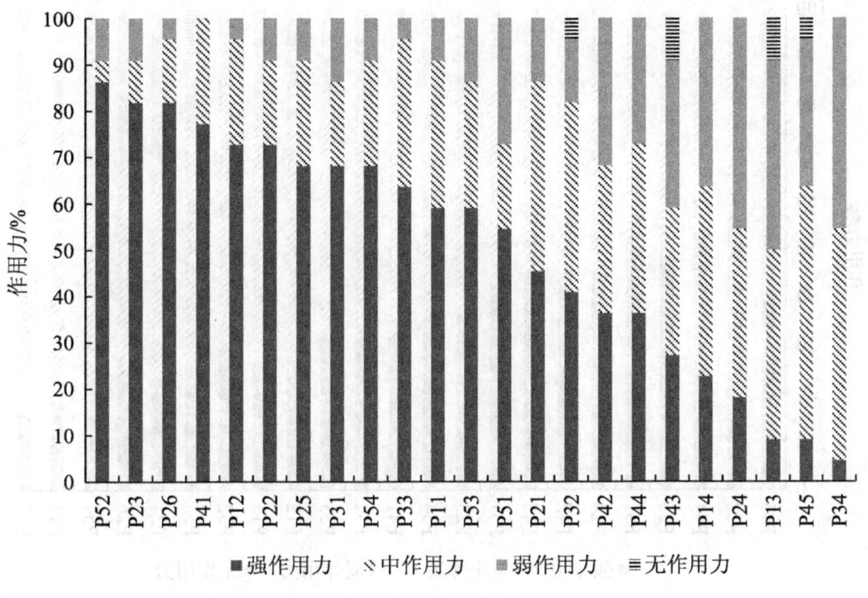

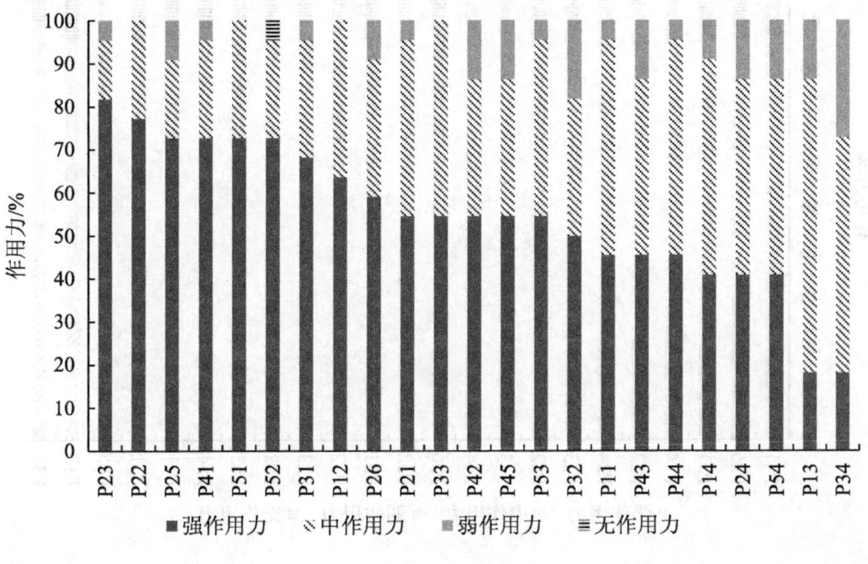

（b）成长阶段

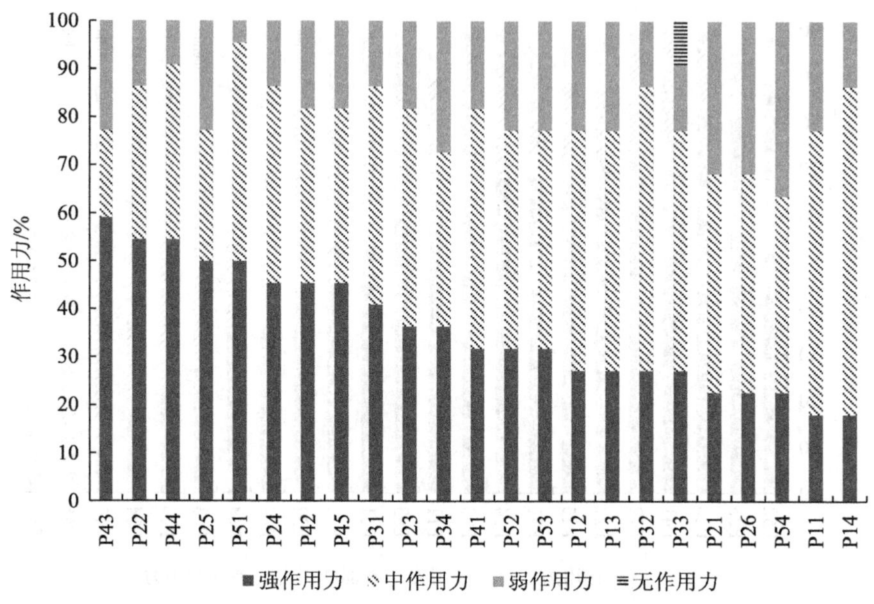

（c）成熟阶段

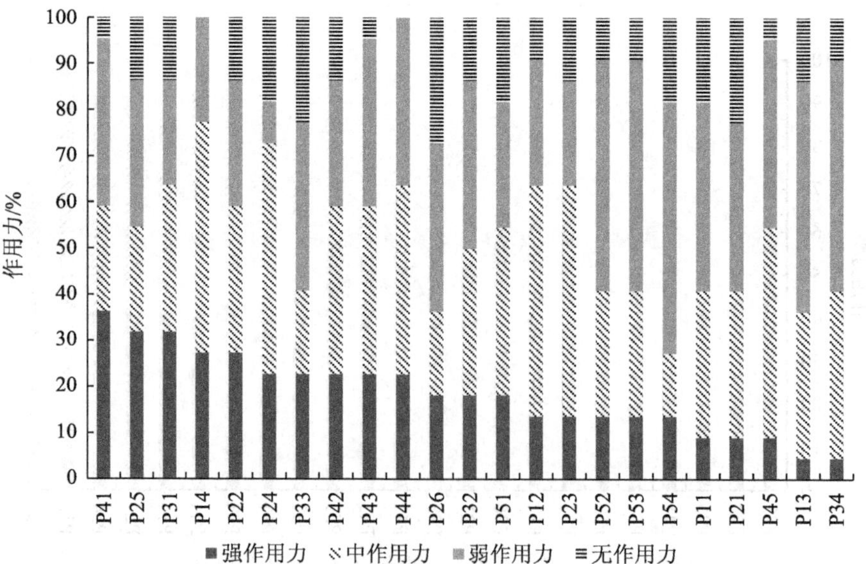

（d）转型阶段

图 4-3　各阶段环保产业促进政策强作用力大小排序

在环保产业集聚区“初创阶段”，促进政策对集聚区环保产业发展具有的作用力排序为园区基础设施建设（P52）＞自主创新基金（P23）＞土地优惠政策（P26）＞园区产业发展规划（P41）＞科技创新支持政策（P12）＞财政引导资金（P22）＞税收减免政策（P25）＞信贷支持政策（P31）＞入园企业手续简化政策（P54）＞创业投资基金（P33）＞高层次人才吸引政策（P11）＞创新创业孵化器和研发基地建设（P53）＞园区品牌创建与宣传（P51）＞政府采购政策（P21）＞风险投资政策（P32）＞知识产权保护政策（P42）＞行业组织支持政策（P44）＞园区企业信用体系建设（P43）＞人才服务政策（P14）＞加速折旧（P24）＞人才培训平台（P13）＞认证、检测、技术评估政策（P45）＞对外贸易政策（P34）。园区基础设施建设、信贷支持政策、自主创新基金、土地优惠政策、园区产业发展规划、科技创新支持政策、财政引导资金等促进政策作用力最强、作用突出，更侧重于吸引企业入园，园区政府通过加强基础设施建设，打造有利于产业集聚的硬件环境；编制合理的产业规划，明确园区的发展定位；制定土地、财政等优惠政策，营造良好的政策环境，集聚科研力量，带动“龙头企业”和关联企业向集聚区聚集。“中”作用力环境政策/制度包括税收减免政策、入园企业手续简化政策、创业投资基金、高层次人才吸引政策、创新创业孵化器和研发基地建设、园区品牌创建与宣传、政府采购政策、风险投资政策、知识产权保护政策、行业组织支持政策，这类促进政策仍是需重点制定实施的关键政策；“弱”作用力环境政策包括园区企业信用体系建设，人才服务政策，加速折旧，人才培训平台，认证、检测、技术评估政策，对外贸易政策，该类促进政策在集聚区“初创阶段”作用不明显。

在环保产业集聚区“成长阶段”，促进政策对集聚区环保产业发展具有的作用力排序为自主创新基金（P23）＞财政引导资金（P22）＞税收减免政策（P25）＞园区产业发展规划（P41）＞园区品牌创建与宣传（P51）＞园区基础设施建设（P52）＞信贷支持政策（P31）＞科技创新支持政策（P12）＞土地优惠政策（P26）＞政府采购政策（P21）＞创业投资基金（P33）＞知识产权保护政策（P42）＞认证、检测、技术评估政策（P45）＞

创新创业孵化器和研发基地建设（P53）＞风险投资政策（P32）＞高层次人才吸引政策（P11）＞园区企业信用体系建设（P43）＞行业组织支持政策（P44）＞人才服务政策（P14）＞加速折旧（P24）＞入园企业手续简化政策（P54）＞人才培训平台（P13）＞对外贸易政策（P34）。在这个阶段，自主创新基金、财政引导资金、税收减免政策、园区产业发展规划、园区品牌创建与宣传、园区基础设施建设等促进政策的作用力为强，表明该阶段政府部门更侧重于推进企业做大做强，提升企业创新创业能力，吸引更多产业链相关企业入驻集聚区。“中”作用力环境政策/制度包括信贷支持政策，科技创新支持政策，土地优惠政策，政府采购政策，创业投资基金，知识产权保护政策，认证、检测、技术评估政策，创新创业孵化器和研发基地建设，风险投资政策，高层次人才吸引政策，园区企业信用体系建设，行业组织支持政策，这些促进政策仍是需重点制定实施的关键环境政策/制度；人才服务政策、加速折旧、入园企业手续简化政策、人才培训平台、对外贸易政策等促进政策的作用力相对较弱。

在环保产业集聚区“成熟阶段”，促进政策对集聚区环保产业发展具有的作用力排序为园区企业信用体系建设（P43）＞财政引导资金（P22）＞行业组织支持政策（P44）＞税收减免政策（P25）＞园区品牌创建与宣传（P51）＞加速折旧（P24）＞知识产权保护政策（P42）＞认证、检测、技术评估政策（P45）＞信贷支持政策（P31）＞自主创新基金（P23）＞对外贸易政策（P34）＞园区产业发展规划（P41）＞园区基础设施建设（P52）＞创新创业孵化器和研发基地建设（P53）＞科技创新支持政策（P12）＞人才培训平台（P13）＞风险投资政策（P32）＞创业投资基金（P33）＞政府采购政策（P21）＞土地优惠政策（P26）＞入园企业手续简化政策（P54）＞高层次人才吸引政策（P11）＞人才服务政策（P14）。该阶段无“强”作用力促进政策。“中”作用力促进政策包括园区企业信用体系建设、财政引导资金，行业组织支持政策，税收减免政策，园区品牌创建与宣传，加速折旧，知识产权保护政策，认证、检测、技术评估政策，信贷支持政策，自主创新基金，对外贸易政策，园区产业发展规划，园区基础设施建设，创新创业孵化器和研发基地建设，表明该阶段应加强集聚区企业信用体系建设，引导企业规范化发展，基于集聚区企业信用评级，为环保企业提供融资担保，支持企业创新发展，加强集群区企业间的合作。科技创新支持政策、人才培训平台、风险投资政策、创业投资基金、政府采购政策、土地优惠政策、入园企业手续简化政策、高层次人才吸引政策、人才服务政策的作用力相对较弱。

在环保产业集聚区“转型阶段”，促进政策对集聚区环保产业发展具有的作用力排序为园区产业发展规划（P41）＞税收减免政策（P25）＞信贷支持政策（P31）＞人才服务政策（P14）＞财政引导资金（P22）＞加速折旧（P24）＞创业投资基金（P33）＞知识产权保护政策（P42）＞园区企业信用体系建设（P43）＞行业组织支持政策（P44）＞土地优惠政策（P26）＞风险投资政策（P32）＞园区品牌创建与宣传（P51）＞科技创新支持政策（P12）＞自主创新基金（P23）＞园区基础设施建设（P52）＞创新创业孵化器和研发基地建设（P53）＞入园企业手续简化政策（P54）＞高层次人才吸引政策（P11）＞政府采购政策（P21）＞认证、检测、技术评估政策（P45）＞人才培训平台（P13）＞对外贸易政策（P34）。“中”作用力环保产业政策为园区产业发展规划、税收减免政策、信贷支持政策，表明该阶段集聚区应重新制定园区产业发展规划，引领产业转型升级发展，此外，还应持续实施税收减免政策和信贷支持，降低企业经营成本，支持企业转型发展。其余政策均为弱作用力政策，包括创新创业培训教育政策、人才引进激励政策、科研经费支持政策、融资担保政策、建立创业板市场、风险投资基金、降低企业创建门槛、设立研发机构。

4.2.2 全过程政策作用力评价

1. 评价方法

考虑同一类促进政策在环保产业集聚区发展的不同阶段对产业促进的程度不相同，设计产业政策对环保产业作用力的权重指标集合 $\boldsymbol{A}$：

$$\text{权重指标集合}\ \boldsymbol{A}=(a_1\ a_2\ a_3\ a_4)$$

权重指标值采用专家调查统计法确定，为专家打分的加权平均值（表4-4）。

表 4-4 产业政策对环保产业作用力权重调查

环保产业促进政策类型	初创阶段	成长阶段	成熟阶段	转型阶段
科技人才政策（P1）				
财税优惠政策（P2）				
金融政策（P3）				
规范引导政策（P4）				
配套服务政策（P5）				

建立因素集 ***A*** 对应于评价集 ***B*** 的评价矩阵模型 ***F***：

$$\boldsymbol{F}=\begin{bmatrix} f_{11} & f_{12} & f_{13} & f_{14} \\ f_{21} & f_{22} & f_{23} & f_{24} \\ f_{31} & f_{32} & f_{33} & f_{34} \\ f_{41} & f_{42} & f_{43} & f_{44} \end{bmatrix}$$

式中，***F*** 是一个 4 维行向量，反映具体环保产业促进政策在环保产业集聚区发展的各个阶段的作用程度。

其中，行向量表示环保产业集聚区发展的不同阶段，自上而下分别为初创阶段、成长阶段、成熟阶段、转型阶段；列向量表示环保产业促进政策的作用力强度，自左而右分别为强、中、弱、无。

$$\boldsymbol{F}_{P1}=\begin{bmatrix} f_{11} & f_{12} & f_{13} & f_{14} \\ f_{21} & f_{22} & f_{23} & f_{24} \\ f_{31} & f_{32} & f_{33} & f_{34} \\ f_{41} & f_{42} & f_{43} & f_{44} \end{bmatrix}=\begin{bmatrix} 0.59 & 0.32 & 0.09 & 0 \\ 0.45 & 0.50 & 0.05 & 0 \\ 0.18 & 0.59 & 0.23 & 0 \\ 0.09 & 0.32 & 0.41 & 0.18 \end{bmatrix}$$

构建模糊评价数学模型 ***R=AF***，即将因素集 *U* 这一论域上的模糊集合 ***A*** 经过模糊关系 ***F*** 转变为评价集合 *V* 这一论域上的模糊集合 ***R***：

$$R = AF = (a_1\ \ a_2\ \ a_3\ \ a_4) = \begin{bmatrix} f_{11} & f_{12} & f_{13} & f_{14} \\ f_{21} & f_{22} & f_{23} & f_{24} \\ f_{31} & f_{32} & f_{33} & f_{34} \\ f_{41} & f_{42} & f_{43} & f_{44} \end{bmatrix}$$

式中，$\boldsymbol{R}$ 是模糊综合评价的结果，是一个 23×4 的矩阵，表示具体环保产业促进政策在环保产业集聚区建设发展全过程中对产业的促进作用程度。

2. 评价分析

收集专家调查表（表 4-5），计算权重指标集合 $\boldsymbol{Q}$。

表 4-5 产业政策对环保产业作用力权重统计

环保产业促进政策类型	初创阶段	成长阶段	成熟阶段	转型阶段
科技人才政策（P1）	0.33	0.31	0.24	0.12
财税优惠政策（P2）	0.36	0.32	0.19	0.13
金融政策（P3）	0.31	0.32	0.24	0.13
规范引导政策（P4）	0.29	0.30	0.26	0.15
配套服务政策（P5）	0.30	0.31	0.25	0.14

依据环保产业集聚区发展不同阶段环保产业促进作用力矩阵评价表（表 4-2）和权重调查统计表（表 4-5），采用模糊综合评价模型计算，结果详见表 4-6。

表 4-6 全过程作用力评价模型计算结果

政策/制度类型	编号	强	中	弱	无
科技人才政策（P1）	P11	0.39	0.44	0.15	0.02
	P12	0.52	0.37	0.10	0.01
	P13	0.16	0.50	0.29	0.05
	P14	0.28	0.51	0.21	0.00
财税优惠政策（P2）	P21	0.39	0.41	0.17	0.03
	P22	0.65	0.24	0.09	0.02
	P23	0.65	0.23	0.11	0.02

政策/制度类型	编号	强	中	弱	无
财税优惠政策（P2）	P24	0.31	0.42	0.24	0.02
	P25	0.62	0.22	0.15	0.02
	P26	0.55	0.26	0.15	0.03
金融政策（P3）	P31	0.57	0.29	0.12	0.02
	P32	0.38	0.41	0.18	0.03
	P33	0.47	0.39	0.09	0.05
	P34	0.17	0.46	0.36	0.01
规范引导政策（P4）	P41	0.58	0.30	0.11	0.01
	P42	0.42	0.34	0.22	0.02
	P43	0.40	0.32	0.25	0.03
	P44	0.42	0.41	0.17	0.00
	P45	0.32	0.42	0.24	0.02
配套服务政策（P5）	P51	0.54	0.30	0.13	0.03
	P52	0.58	0.24	0.16	0.03
	P53	0.44	0.36	0.18	0.01
	P54	0.41	0.33	0.24	0.03

环保产业集聚区建设全过程环保产业促进政策作用力模糊综合评价结果如图 4-4 所示。

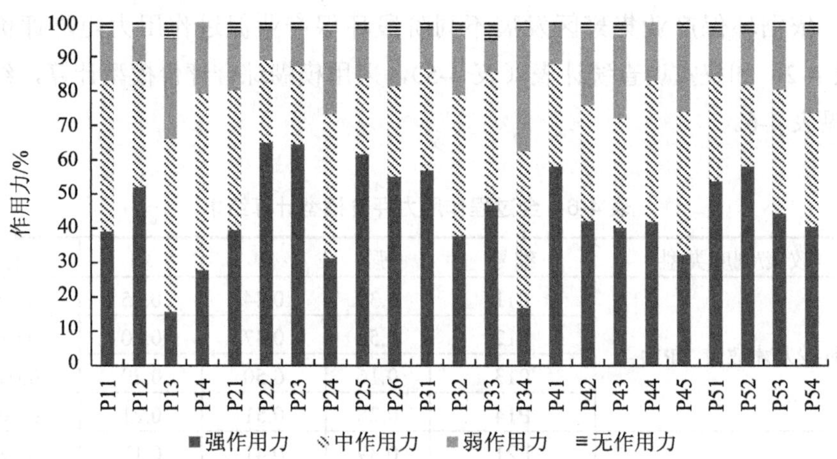

图 4-4 环保产业集聚区建设全过程环保产业促进政策作用力评价结果

将环保产业促进政策作用力评价结果进行排序，结果如图 4-5 所示。

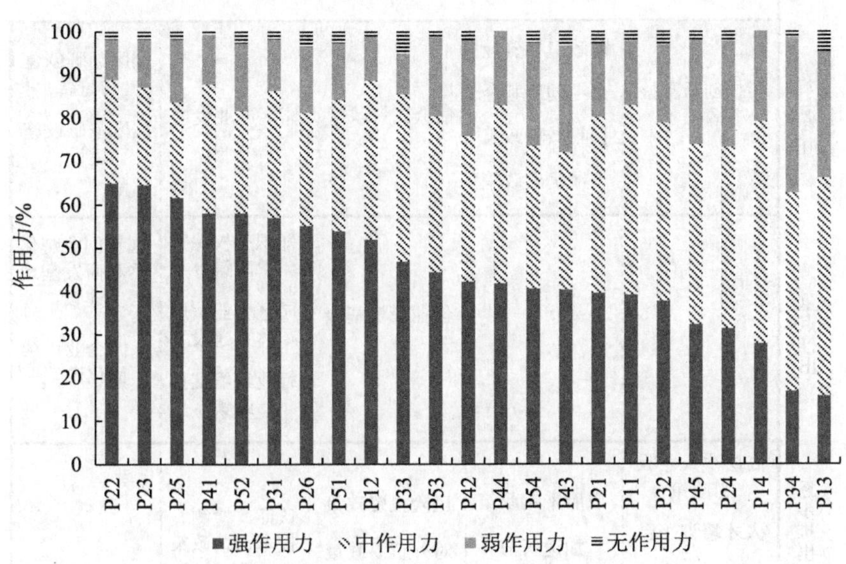

图 4-5 环保产业集聚区建设全过程环保产业促进政策作用力排序

环保产业发展全过程环境政策/制度对产业发展促进作用的强弱程度为财政引导资金（P22）＞自主创新基金（P23）＞税收减免政策（P25）＞园区产业发展规划（P41）＞园区基础设施建设（P52）＞信贷支持政策（P31）＞土地优惠政策（P26）＞园区品牌创建与宣传（P51）＞科技创新支持政策（P12）＞创业投资基金（P33）＞创新创业孵化器和研发基地建设（P53）＞知识产权保护政策（P42）＞行业组织支持政策（P44）＞入园企业手续简化政策（P54）＞园区企业信用体系建设（P43）＞政府采购政策（P21）＞高层次人才吸引政策（P11）＞风险投资政策（P32）＞认证、检测、技术评估政策（P45）＞加速折旧（P24）＞人才服务政策（P14）＞对外贸易政策（P34）＞人才培训平台（P13）。设定作用力在 50%以上为“强”作用力政策，是促进环保产业发展及革新需优先推出的政策；作用力在 30%～50%为“中”作用力政策，是重点推出的政策；作用力在 30%以下为“弱”作用力政策，是逐步推出的政策。由此可构建促进环保产业发展的政策重要程度评价图，见图 4-6。

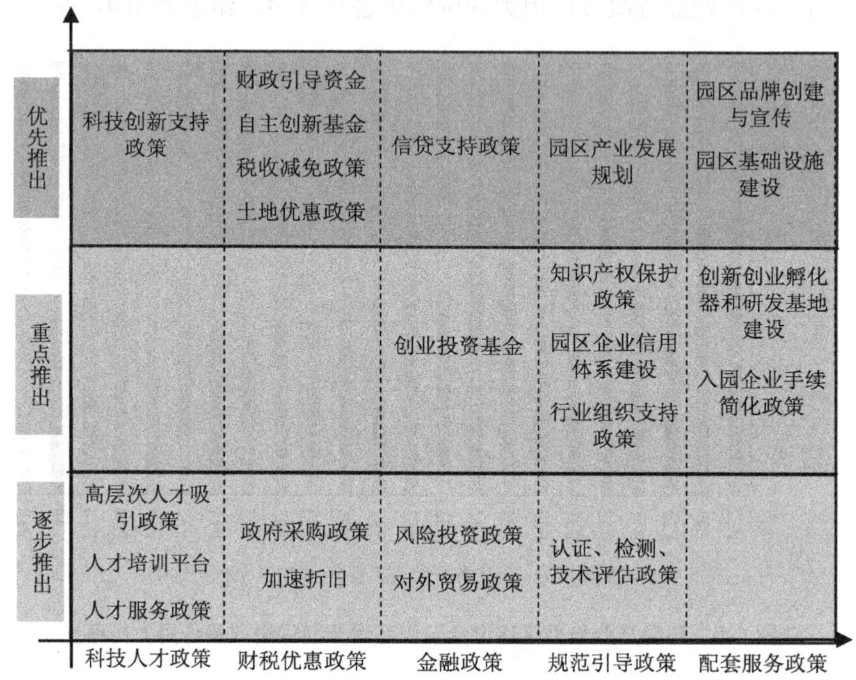

图 4-6 促进环保产业发展的政策重要程度评价

综合分析上述内容可以看出：

一是在促进环保产业发展的政策中，作用力最为突出的政策集中在财税政策上。在集聚区建设的全过程，科技创新支持政策、财政引导资金、自主创新基金、税收减免政策、土地优惠政策、信贷支持政策、园区产业发展规划、园区品牌创建与宣传、园区基础设施建设 9 类促进政策对集聚区环保产业发展的意义最为重大、作用最为突出，是促进产业创新创业的关键，需优先推出。

二是在环保产业发展的过程中，创业投资基金、知识产权保护政策、园区企业信用体系、行业组织支持政策、创新创业孵化器和研发基地建设、入园企业手续简化政策等发挥的作用同样不容忽视，应伴随产业发展逐步推出[63]。

4.3 政策作用力实证评估——以华南集聚区为例

4.3.1 调查方案

1. 调查目的

通过问卷调查可以了解集聚区创新创业政策的实施情况，调查招商政策、财税政策、投资政策、人才政策、金融政策、条件平台政策和公共服务政策等政策工具的实施情况，分析不同政策工具对环保产业集聚区内企业的促进作用强弱等。通过调研可以了解各项政策在实现其预期目标上的效果。政策在运行一定时期后是否需要延续、是否需要调整、是否需要改善，这些问题的解决需要由政策评估结果给出答案，即政策评估决定产业政策前途的重要依据。

2. 调查对象

环保产业集聚区创新创业政策的调研对象既涉及创业者、创新者个体，也涉及企业、高校、科研院所等研究机构和创新活动主体，服务机构、金融机构、创投机构等中介服务机构，并且对社会公众也会产生不同程度的影响。

3. 问卷量表设计

（1）指标的选取

调查问卷（表 4-7）选取了 5 个二级指标，分别是科技人才政策、技术创新与产业化政策、财税优惠政策、规范引导政策及配套服务政策，并针对每个二级指标设置了若干个三级指标。落实到具体集聚区时，再根据具体政策细化三级指标层。

表 4-7 环保产业集聚区创新创业政策调查问卷设计

目标层	二级指标层	三级指标层	非常重要（5分）	重要（4分）	不一定（3分）	不重要（2分）	完全不重要（1分）
环保产业集聚区创新创业政策调查问卷	科技人才政策（C1）	创新创业培训教育政策（C11）					
		人才引进激励政策（C12）					
	技术创新与产业化政策（C2）	孵化器建设政策（C21）					
		技术研发项目支持政策（C22）					
		技术成果交易平台建设（C23）					
	财税优惠政策（C3）	财政引导资金支持（C31）					
		税收优惠政策（C32）					
		金融扶持政策（C33）					
		贷款担保政策（C34）					
	规范引导政策（C4）	知识产权保护政策（C41）					
		相关规划引导政策（C42）					
		认证、检测、技术评估政策（C43）					
	配套服务政策（C5）	宣贯政策（C51）					
		入园企业手续简化政策（C52）					
		创新咨询服务政策（C53）					

（2）问卷设计

前言：说明本次调研的目的，对相关政策进行解释，并提出被调查者在完成问卷过程中需要注意的问题。

个人基本资料：主要对调查者的职业、学历、年龄等基本信息进行收集。

主体部分：主要评估调查者对集聚区现有政策的制定情况。本调查问卷采用李克特（Likert）5 级量表，设计调查问卷中的问题均采用正向问项（表 4-7），其中 1 分表示“完全不重要”，以此类推，5 分表示“非常重要”，让被调研者依据实际情况对问卷各项分别给予 1～5 分。针对具体的集聚区，在问卷初稿设计完成之后，先对一些学者进行预调研，再根据调研结果修改问卷以得到最终问卷，最后进行正式调研。

4．数据分析方法

（1）信度检验

信度分析是用来检测问卷测量的稳定性或可靠性程度的，检测所用问卷对同一事物进行重复测量后所得结果是否一致。按照考察对象的不同，信度分析可以分为重测信度法、复本信度法、折半信度法和 α 信度系数法 4 种。目前，学界普遍采用的检测信度检验方法是 Cronbach's α 信度系数，用于量测一组同义或平行测验总和的信度，若尺度中的所有项目都反映相同的特质，则各项目之间应具有真实的相关存在；若某一项目和尺度中其他项目之间并无相关存在，则表示该项目不属于该尺度，而应将之剔除。只要有问卷就可以做信度分析，提供客观的指标。相关系数越大，相关性越高，内部一致性也就越高。

Cronbach's α 系数的计算公式如下：

$$\alpha = \frac{n}{n-1}\left[1-\frac{\sum S_i^2}{S_x^2}\right]$$

式中，α —— 估计的信度；

n —— 问卷数；

S_i^2 —— 每道题目分数的方差；

S_x^2 —— 测验总分的方差。

（2）效度分析

效度即测量的准确性或有效性，用来检验测量工具能否准确地测量出概念或变量的内涵。一般来说，信度和效度有紧密的联系：信度是效度的基础，没有信度的效度是不可信的，但有良好的信度并不代表有很好的效度，所以在进行完信度分析后还需要对效度进行分析。通常的效度分析包括 3 个方面，即内容效度（content validity）、表面效度（face validity）和建构效度（construct validity）。

所谓内容效度，指的是内容的适合性和代表性，也就是测量内容能否反映所要测量的行为特征或者心理特征，属于命题的一种逻辑分析。建构效度指的是量表能否测量出某种特质或者概念，也就是问卷中实际的测量指标能否测量出相应的变量。

4.3.2 实证研究

华南集聚区自创建以来，为了给环保企业营造良好的政策环境，促进环保企业创新发展，出台了一系列配套政策。本研究梳理了自 2011 年以来华南集聚区配套出台的扶持奖励政策（表 4-8），并将政策文本分为科技人才政策、技术创新与产业化政策、财税优惠政策、规范引导政策及配套服务政策 5 个方面。通过问卷调查，共调研华南集聚区的政府、企业、科研人员 34 人，并且对问卷的信度和效度进行了检验，对调研数据进行了描述性分析。在此基础上，运用层次分析法对华南集聚区创新创业政策的效果进行了评价研究（表 4-9）。

表 4-8　华南集聚区创新创业政策文件清单

序号	文件名称
1	《佛山市南海区促进环保产业发展扶持和奖励办法》（南府〔2011〕278 号） 《佛山市南海区进一步促进环保产业发展扶持和奖励办法》（南府〔2017〕25 号）
2	《佛山市南海区中小企业融资风险补偿专项子基金管理办法》 《佛山市南海区支持企业融资专项资金管理实施细则》
3	《佛山市创新创业投资引导基金管理办法》（南府〔2016〕30 号）
4	《佛山市南海区促进优质企业上市和发展扶持办法（修订）》

序号	文件名称
5	《佛山市南海区推进专利发明工作扶持办法（修订）》 《佛山市专利资助办法补充规定》（佛府办〔2014〕44号）
6	《佛山市南海区引进培育企业紧缺适用人才暂行办法》
7	《佛山市南海区科技创新券实施管理办法》
8	《佛山市南海区人民政府关于印发佛山市南海区"北斗星计划"实施办法的通知》（南府〔2013〕95号）
9	《佛山市南海区推进品牌战略与自主创新扶持奖励办法》（南府〔2012〕85号）
10	《关于加快广东金融高新技术服务区建设的若干意见》
11	《佛山市南海区促进绿色照明产业发展扶持办法》（南府〔2009〕267号）
12	《佛山市南海区关于加快推进广东金融高新技术服务区建设的扶持办法（修订）》（南府〔2009〕267号）
13	《佛山市南海区人才团队创业计划扶持办法》（南府〔2012〕9号）

表4-9　华南集聚区创新创业政策评估体系

目标层	二级指标层	三级指标层	非常重要（5分）	重要（4分）	不一定（3分）	不重要（2分）	完全不重要（1分）
华南集聚区创新创业政策评估	科技人才政策（C1）	创新创业人才培育政策（C11）：对考取资格证书的环保从业人员给予补助；扶持村（居）环保顾问					
		人才引进激励政策（C12）：对高层次人才给予安置费、科技经费、信贷优惠、创业启动资金，并解决子女家属入学安置					
	技术创新与产业化政策（C2）	技术研发项目支持政策（C21）：对获得国家、省级技术奖的环保企业，获得高新技术企业认定的给予资金奖励和配套支持；设置专项资金支持新技术研发					
		技术产业化政策（C22）：给予资金奖励和贷款贴息					

目标层	二级指标层	三级指标层	非常重要（5分）	重要（4分）	不一定（3分）	不重要（2分）	完全不重要（1分）
华南集聚区创新创业政策评估	技术创新与产业化政策（C2）	示范工程建设支持政策（C23）：给予资金补贴					
		技术引进与合作政策（C24）：引进先进技术，给予科技经费支持					
	财税优惠政策（C3）	环保产业发展专项资金政策（C31）：支持企业创业、技术研发、人才培育					
		科技企业和个人税收优惠政策（C32）：对科技型企业和个人实施税收优惠					
		新建企业和产业化项目贴息贷款政策（C33）：对处于产业化过程需要贷款的企业、新成立的企业给予银行贴息					
		中小企业金融扶持政策（C34）：设立融资风险补偿专项子资金和创业投资，引导资金扶持中小高新技术企业、小微企业					
		新入驻企业奖励政策（C35）：给予资金奖励、土地使用资金补助					
	规范引导政策（C4）	技术标准制定（C41）：对承担国际、国家级、省级标准编制的单位给予资金补偿					
		计量检测、技术认证、评估政策（C42）：对获得计量、测量、技术认证等的企业给予资金奖励					
		知识产权保护政策（C43）：对企业、个人申请专利发明的给予补助，获得专利奖的给予资金奖励					

<table>
<tr><th>目标层</th><th>二级指标层</th><th>三级指标层</th><th>非常重要（5分）</th><th>重要（4分）</th><th>不一定（3分）</th><th>不重要（2分）</th><th>完全不重要（1分）</th></tr>
<tr><td rowspan="6">华南集聚区创新创业政策评估</td><td rowspan="3">规范引导政策（C4）</td><td>金融机构奖励政策（C44）：对新设立或新迁入的银行、保险、证券类金融机构给予奖励</td><td></td><td></td><td></td><td></td><td></td></tr>
<tr><td>对知名品牌的奖励政策（C45）：对认定国家、省级名牌的企业给予经费补助</td><td></td><td></td><td></td><td></td><td></td></tr>
<tr><td>企业增资创收、上市、兼并重组、模式创新奖励政策（C46）：对企业增资创收、环境服务业试点、上市、兼并重组、环境污染第三方治理等给予资金奖励，鼓励企业做大做强</td><td></td><td></td><td></td><td></td><td></td></tr>
<tr><td rowspan="3">配套服务政策（C5）</td><td>宣传推介政策（C51）：设立展示中心，安排专项资金宣传集聚区引进项目</td><td></td><td></td><td></td><td></td><td></td></tr>
<tr><td>环保产业促进平台（C52）：包括环境服务超市、环境服务站、环境服务队、环保顾问等</td><td></td><td></td><td></td><td></td><td></td></tr>
<tr><td>入园企业手续简化政策（C53）：人事、外事、公安部门简化办事程序</td><td></td><td></td><td></td><td></td><td></td></tr>
</table>

1. 调查表设计与样本特征

通过梳理华南集聚区创新创业政策，设计了环保产业集聚区创新创业政策调查问卷。调研前后共发放 34 份调查问卷，收回 34 份，回收率为 100%，其中有效问卷 33 份，有效率为 97%。调查人员中有政府工作人员 1 人、产业协会人员 1 人、高校科研院所人员 4 人、环保企业负责人 27 人（图 4-7）。

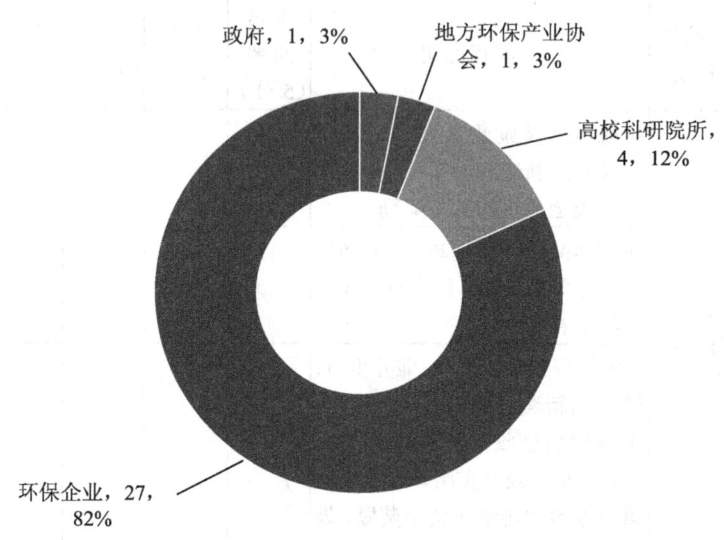

图 4-7 华南集聚区创新创业政策调查样本情况

2. 样本描述性统计

本部分主要采用均值和标准差两个指标结果对样本数据进行描述性统计分析（表 4-10）。各组数据均值有所差异，标准差差异不大，数据分布比较合理（表 4-11）。

表 4-10 华南集聚区创新创业政策问卷描述性分析结果

政策名称	均值	标准偏差	*N*
创新创业人才培育政策（C11）	4.52	0.712	33
人才引进激励政策（C12）	4.55	0.564	33
技术研发项目支持政策（C21）	4.42	0.792	33
技术产业化政策（C22）	4.48	0.667	33
示范工程建设支持政策（C23）	4.33	0.777	33
技术引进与合作政策（C24）	4.30	0.770	33
环保产业发展专项资金政策（C31）	4.48	0.667	33
科技企业和个人税收优惠政策（C32）	4.39	0.747	33
新建企业和产业化项目贴息贷款政策（C33）	4.18	0.683	33

政策名称	均值	标准偏差	N
中小企业金融扶持政策（C34）	4.30	0.684	33
新入驻企业奖励政策（C35）	4.27	0.761	33
技术标准制定（C41）	4.30	0.728	33
计量检测、技术认证、评估政策（C42）	4.06	0.788	33
知识产权保护政策（C43）	4.15	0.795	33
金融机构奖励政策（C44）	4.24	0.792	33
对知名品牌的奖励政策（C45）	3.94	0.788	33
企业增资创收、上市、兼并重组、模式创新奖励政策（C46）	4.15	0.667	33
宣传推介政策（C51）	4.30	0.637	33
环保产业促进平台（C52）	4.42	0.751	33
入园企业手续简化政策（C53）	4.30	0.770	33

表 4-11　华南集聚区创新创业政策问卷标度统计量

均值	方差	标准偏差	项数
86.12	94.110	9.701	20

3. 信度检验

研究界主要使用 Cronbach 的一致性系数（α 系数）分析并测量量表的内部一致性（表 4-12）。若总量表的 α 系数在 0.8 以上，则表明问卷信度很好；若 α 在 0.7 与 0.8 之间，则表明问卷结果在可以接受的范围；若 α 系数达不到 0.7，则表明该量表检测的结果不可信，这就意味着需要修订量表（增加或删除量表中某些题项）[64]。对数据作信度分析（表 4-13），各测项的 CITC 值（校正的项总计相关性）全都大于 0.3，符合规定的信度要求，具有内部一致性，Cronbach's α 为 0.933，十分可信。

表 4-12　华南集聚区政策一致性分析

政策名称	项已删除的刻度均值	项已删除的刻度方差	校正的项总计相关性	项已删除的 Cronbach's α 值
创新创业人才培育政策（C11）	81.606	87.809	0.434	0.934
人才引进激励政策（C12）	81.576	88.377	0.511	0.932
技术研发项目支持政策（C21）	81.697	84.593	0.610	0.930

政策名称	项已删除的刻度均值	项已删除的刻度方差	校正的项总计相关性	项已删除的 Cronbach's α 值
技术产业化政策（C22）	81.636	84.614	0.737	0.928
示范工程建设支持政策（C23）	81.788	83.860	0.678	0.929
技术引进与合作政策（C24）	81.818	84.466	0.640	0.930
环保产业发展专项资金政策（C31）	81.636	85.801	0.636	0.930
科技企业和个人税收优惠政策（C32）	81.727	84.205	0.681	0.929
新建企业和产业化项目贴息贷款政策（C33）	81.939	87.684	0.466	0.933
中小企业金融扶持政策（C34）	81.818	86.278	0.580	0.931
新入驻企业奖励政策（C35）	81.848	84.445	0.649	0.930
技术标准制定（C41）	81.818	86.028	0.559	0.931
计量检测、技术认证、评估政策（C42）	82.061	82.496	0.768	0.927
知识产权保护政策（C43）	81.970	84.093	0.643	0.930
金融机构奖励政策（C44）	81.879	83.735	0.673	0.929
对知名品牌的奖励政策（C45）	82.182	85.153	0.573	0.931
企业增资创收、上市、兼并重组、模式创新奖励政策（C46）	81.970	87.843	0.466	0.933
宣传推介政策（C51）	81.818	85.091	0.733	0.928
环保产业促进平台（C52）	81.697	84.593	0.648	0.930
入园企业手续简化政策（C53）	81.818	83.466	0.714	0.928

表 4-13 华南集聚区创新创业政策问卷信度分析结果

Cronbach's α	项数
0.933	20

4．效度分析

在建构效度分析方面，采用因子分析法分析本研究所用量表。对量表进行因子分析之前需要判断量表中的各个题项是否适合，本研究采用 KMO 取样适当性检验和巴莱特（Bartlett）球形检验来检验。

（1）KMO 取样适当性检验和 Bartlett 球形检验

KMO 取样适当性检验和 Bartlett 球形检验是因子分析之前必需的检

验。Kaiser（1974）认为因子分析的KMO值可接受区域是0.5～1，Bartlett卡方检验显著水平小于0.01则表示可以进行因子分析。如表4-14所示，本研究的KMO值为0.566，Bartlett 球形度检验显著，表示可以进行因子分析。

表4-14 KMO和Bartlett检验结果

取样足够度的 Kaiser-Meyer-Olkin 度量		0.566
Bartlett 的球形度检验	近似卡方	521.287
	df	190.000
	Sig.	0.000

（2）因子分析

本研究采用主成分分析分别对各研究变量进行因子分析，以特征值大于1为标准萃取出因素，并以方差最大法对因子进行正交旋转。如果累积解释总方差百分比达到 60%以上，则表示可以接受。本研究累积解释的总方差百分比为76.127%，即可以接受（表4-15）。

表4-15 正交旋转累积解释总方差结果

成分	初始特征值			提取平方和载入			旋转平方和载入		
	合计	方差/%	累积/%	合计	方差/%	累积/%	合计	方差/%	累积/%
创新创业人才培育政策（C11）	8.983	44.913	44.913	8.983	44.913	44.913	3.988	19.941	19.941
人才引进激励政策（C12）	2.016	10.082	54.995	2.016	10.082	54.995	3.454	17.27	37.21
技术研发项目支持政策（C21）	1.627	8.133	63.129	1.627	8.133	63.129	3.278	16.39	53.601
技术产业化政策（C22）	1.474	7.37	70.498	1.474	7.37	70.498	2.401	12.006	65.607
示范工程建设支持政策（C23）	1.126	5.628	76.127	1.126	5.628	76.127	2.104	10.52	76.127

成分	初始特征值			提取平方和载入			旋转平方和载入		
	合计	方差/%	累积/%	合计	方差/%	累积/%	合计	方差/%	累积/%
技术引进与合作政策（C24）	0.799	3.997	80.124						
环保产业发展专项资金政策（C31）	0.759	3.796	83.92						
科技企业和个人税收优惠政策（C32）	0.612	3.062	86.982						
新建企业和产业化项目贴息贷款政策（C33）	0.57	2.848	89.829						
中小企业金融扶持政策（C34）	0.519	2.596	92.425						
新入驻企业奖励政策（C35）	0.344	1.721	94.146						
技术标准制定（C41）	0.31	1.548	95.694						
计量检测、技术认证、评估政策（C42）	0.254	1.269	96.963						
知识产权保护政策（C43）	0.18	0.898	97.862						
金融机构奖励政策（C44）	0.131	0.654	98.515						
对知名品牌的奖励政策（C45）	0.117	0.583	99.098						
企业增资创收、上市、兼并重组、模式创新奖励政策（C46）	0.084	0.422	99.52						

成分	合计	初始特征值		合计	提取平方和载入		合计	旋转平方和载入	
		方差/%	累积/%		方差/%	累积/%		方差/%	累积/%
宣传推介政策（C51）	0.052	0.261	99.781						
环保产业促进平台（C52）	0.034	0.171	99.952						
入园企业手续简化政策（C53）	0.01	0.048	100						

注：提取方法为主成分分析法。

用方差极大法对初始因子载荷矩阵进行旋转（表 4-16）。一般地，旋转后的因子载荷应大于 0.5，否则代表该指标对项目的解释程度比较弱，但是若因子中重复出现两个或两个以上大于 0.4 的因子载荷，则说明该项目上出现多重载荷，应当调整或删除含义模糊的指标以提高整个指标体系的科学性和合理性。通过以上运算可以看出，量表具有良好的效度。

表 4-16 旋转成分矩阵 *a*

	成分				
	1	2	3	4	5
创新创业人才培育政策（C11）	0.098	0.147	0.435	−0.127	0.690
人才引进激励政策（C12）	0.143	0.123	0.793	0.024	0.189
技术研发项目支持政策（C21）	0.829	0.124	0.048	0.040	0.329
技术产业化政策（C22）	0.841	0.259	0.164	0.154	0.128
示范工程建设支持政策（C23）	0.821	0.149	0.131	0.194	0.189
技术引进与合作政策（C24）	0.701	0.280	0.237	0.269	−0.186
环保产业发展专项资金政策（C31）	0.531	0.121	0.529	0.051	0.207
科技企业和个人税收优惠政策（C32）	0.202	0.401	0.679	0.209	0.076
新建企业和产业化项目贴息贷款政策（C33）	0.161	−0.082	0.722	0.360	0.002
中小企业金融扶持政策（C34）	0.051	0.332	0.699	0.181	0.141
新入驻企业奖励政策（C35）	0.201	0.442	0.409	0.587	−0.158
技术标准制定（C41）	0.365	0.169	0.144	0.047	0.802
计量检测、技术认证、评估政策（C42）	0.536	0.364	0.268	0.320	0.261
知识产权保护政策（C43）	0.150	0.687	0.079	0.251	0.447
金融机构奖励政策（C44）	0.271	0.371	0.416	0.629	−0.154

	成分				
	1	2	3	4	5
对知名品牌的奖励政策（C45）	0.260	0.315	−0.134	0.591	0.557
企业增资创收、上市、兼并重组、模式创新奖励政策（C46）	0.178	−0.016	0.180	0.865	0.080
宣传推介政策（C51）	0.514	0.629	0.114	0.170	0.161
环保产业促进平台（C52）	0.183	0.896	0.186	0.019	0.156
入园企业手续简化政策（C53）	0.305	0.823	0.261	0.083	0.057

注：提取方法为主成分分析法。旋转法为具有 Kaiser 标准化的正交旋转法。

根据问卷信效度的分析结果，本研究的问卷设计和调查结果合理并且有效。

5. 评估结果

通过对调查问卷进行统计分析得出各项政策的重要性排序，如图 4-8 所示。将其调查结果代入评价等级对应的分值计算加权平均综合估值，结果如图 4-9 所示。通过分类统计 5 类政策评价结果的平均值计算得出各类政策重要性评价，结果如图 4-10 所示。

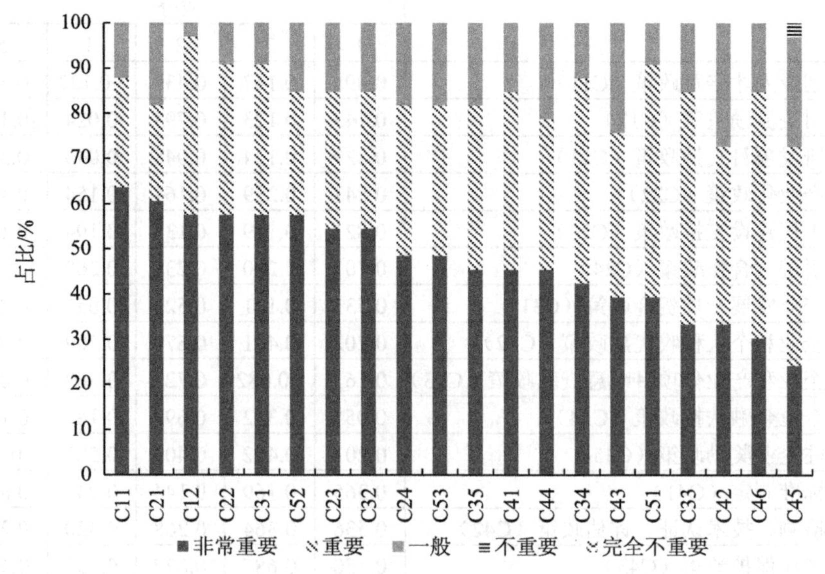

图 4-8　华南集聚区政策重要性排序

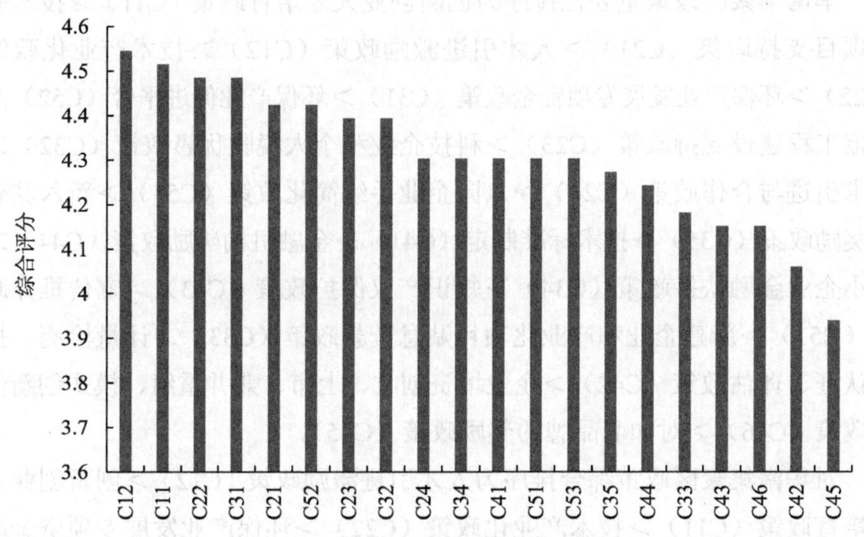

图 4-9 华南集聚区政策综合排序

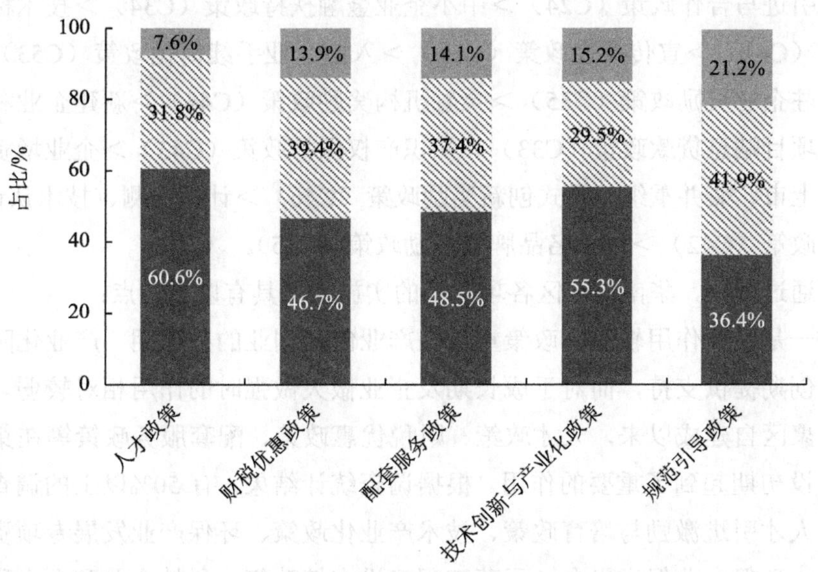

图 4-10 华南集聚区促进政策调查结果

华南集聚区政策重要性排序为创新创业人才培育政策（C11）＞技术研发项目支持政策（C21）＞人才引进激励政策（C12）＞技术产业化政策（C22）＞环保产业发展专项资金政策（C31）＞环保产业促进平台（C52）＞示范工程建设支持政策（C23）＞科技企业和个人税收优惠政策（C32）＞技术引进与合作政策（C24）＞入园企业手续简化政策（C53）＞新入驻企业奖励政策（C35）＞技术标准制定（C41）＞金融机构奖励政策（C44）＞中小企业金融扶持政策（C34）＞知识产权保护政策（C43）＞宣传推介政策（C51）＞新建企业和产业化项目贴息贷款政策（C33）＞计量检测、技术认证、评估政策（C42）＞企业增资创收、上市、兼并重组、模式创新奖励政策（C46）＞对知名品牌的奖励政策（C45）。

对华南集聚区政策综合排序为人才引进激励政策（C12）＞创新创业人才培育政策（C11）＞技术产业化政策（C22）＞环保产业发展专项资金政策（C31）＞技术研发项目支持政策（C21）＞环保产业促进平台（C52）＞示范工程建设支持政策（C23）＞科技企业和个人税收优惠政策（C32）＞技术引进与合作政策（C24）＞中小企业金融扶持政策（C34）＞技术标准制定（C41）＞宣传推介政策（C51）＞入园企业手续简化政策（C53）＞新入驻企业奖励政策（C35）＞金融机构奖励政策（C44）＞新建企业和产业化项目贴息贷款政策（C33）＞知识产权保护政策（C43）＞企业增资创收、上市、兼并重组、模式创新奖励政策（C46）＞计量检测、技术认证、评估政策（C42）＞对知名品牌的奖励政策（C45）。

通过分析，华南集聚区各项政策的实施情况具有以下特点：

一是发挥作用较强的政策重点在产业创新创业的种子期、产业化阶段及初创期提供支持，而对于成长期及企业做大做强时的作用相对较弱。华南集聚区自建成以来，人才政策、财税优惠政策、配套服务政策等在集聚区建设初期起到了重要的作用。根据调查统计结果，有 50%以上的调查者认为人才引进激励与培育政策、技术产业化政策、环保产业发展专项资金政策、环保产业促进平台、示范工程建设支持政策、科技企业和个人税收优惠政策对企业创新创业的影响比较大，这些政策主要在集聚区建设初期企业的入驻与孵化方面提供支持，而对于推动企业做大做强的政策，如给予中小企业或创新型企业提供贷款支持、政府采购等政策出台较少。

二是华南集聚区高度重视人才引进，提升了集聚区创新能力。根据调查结果，96.97%的调查者认为人才引进政策在华南集聚区的建设过程中发挥着重要的作用。目前的人才引进政策中，支持处于创新创业种子期的企业创新发展的政策偏多，以人才引进激励与培育政策和科研经费扶持为主，如重点鼓励设立院士工作室/工程技术研究中心，在落户安置费、子女入学、家属安置、个人所得税优惠、科研经费资助等方面给予创新团队核心成员支持，高度重视创新型人才，奖励企业与高校或科研院所开展产学研合作，对对外引进与对外合作的技术合作项目给予经费支持，并对获得国家、省、市科技经费支持的环保项目给予配套奖励，从而带动华南集聚区的创新能力。

三是支持新技术应用、成果转化与示范工程建设，注重减排效果。根据调查结果，约有 90.91%、81.32%和 84.85%的调查者认为，技术研发项目支持政策、示范工程建设支持政策和技术研发项目支持政策对推动华南集聚区企业技术创新与产业化起到了重要的作用。这些政策主要支持环保企业的技术产业化阶段，如对在产业化过程中需要贷款的环保企业给予银行贴息支持，每年安排一定额度的创新券支持小微企业创新创业，依据节能、减排效果，采用“后补助”的方式支持采用新模式、新技术的示范工程建设。

四是财政资金支持与平台建设内容贯穿企业创新创业的全过程。根据调查，约有 90.91%的调查者认为环保产业发展专项资金政策十分重要。南海区先后设立了 20 亿元的促进环保产业发展专项资金，主要用于支持新成立环保企业、环保企业做大做强、环境服务模式创新、环境技术创新、工程示范、环保科技人才引进等方面的扶持和奖励，以及华南集聚区产业载体和公共服务平台建设。对环保产业企业新进驻、上市、贷款贴息、合同环境管理与合同减排示范、重大环保技术成果示范应用工程等进行扶持，支持华南集聚区的产业载体和公共平台建设。

华南集聚区应以增强集聚区发展动力为核心，以环境服务业提质增量为主线，基于南海区发展环境服务业的基础，大力培育技术与模式、金融与贸易、政策与机制“三大特色”，全面提升环境服务业发展动力、能力、活力、潜力、魅力“五大竞争力”。具体措施：①依托现有环保产业落户的企业基础，打造广东省环保技术展示体验中心，加强高技术研发与创新创业孵化平台建设，强化环境技术与产品认证服务，强化产业发展动力；②通过鼓励设立环保产业基金，创新环保产业融资担保方式，进一步打造“环境服务超市”等途径，大力发展环境金融服务，增强产业发展活力；③充分发挥政府引导、扶持和激励作用，建立环保产业发展政府性引导基金，研究制定按效付费等政策机制，增强产业发展潜力，强化南海区品牌形象的树立，将集聚区打造成为我国环境服务业发展政策的改革区[65]。

5 环保产业集聚区创新创业政策链设计

5.1 政策链概念

政策链的概念是基于“链”理论、系统学理论、政策科学理论提出来的。与供应链、价值链和产业链等链理论有着密切的联系。目前，机制政策链还没有形成统一的概念，国外研究甚少，国内一些学者在低碳经济领域、汽车工业、城市设计等领域进行了一些探索。蒋海勇认为，政策链是公共权力机关或社团组织为了解决公共问题、达成公共目标而选择（或制定）的各种方案，按照彼此之间的政策关联性构成相互促进、协调统一的链状系统[66]。李武军等认为，政策链以政策的整体性为政策制定的出发点，在政策制定之时就综合权衡各项政策的纵向与横向关系，在纵向结构上使各子系统的政策相互衔接，在横向结构上使各子系统的政策相互协调，有效克服了单个政策的孤立性与局限性，形成了各项政策在时序上相互衔接、层次上相互配套、内容上相互补充的政策链系统[67]。此外，蒋海勇根据发展低碳经济所采取的财政政策情况，构建了低碳经济的财政政策链状结构，并提出了制定发展低碳经济的财政总体规划、充实具体政策、加强政策横向协同等建议；李武军等根据政策链的基本理论范式和我国低碳经济发展的实际及政策实施经验，设计了低碳经济发展政策链，提出了政策链优化建议；宋丹妮运用解释结构模型构建了汽车工业系统的政策链，分层次找出影响政府对汽车产业管理绩效的政策链[68]。促进环保产业发展的环境政策制度链是一系列推动环保产业发展的环境政策制度相互衔接、相互补充构成的功能系统完整、内容全面的政策链条[69]。

5.2 政策链模型构建

本研究选择系统动力学的解释结构模型法作为研究工具，建立促进园区环保产业发展的政策链解释结构模型（interpretative structural modeling，ISM），并在此模型的基础上对其进行分析。

ISM 是 1973 年由美国沃菲尔德教授开发的，它以图论中的关联矩阵原理分析复杂系统的整体结构，将系统的结构分析转化为有向图同构的拓扑分析，继而转化为代数分析，通过关联矩阵的运算明确系统的结构特征。

ISM 具有如下特征：

- ISM 是定性表示系统构成要素及其之间存在的本质上相互依赖、相互制约和关联情况的模型；
- 利用 ISM 可以系统认识、准确把握复杂问题，是针对问题建立数学模型、进行定量分析的基础。

5.2.1 建立邻接矩阵

邻接矩阵 $\boldsymbol{A}$ 描述了系统各政策两两之间的直接关系。若在矩阵 $\boldsymbol{A}$ 中第 i 行的政策至第 j 列的政策 $\boldsymbol{a}_{ij}=1$，则表明节点政策有直接关系：若 $\boldsymbol{a}_{ij}=0$，则表明节点政策之间没有影响关系。

本研究以促进环保产业发展的各项政策制度的总体结构及内在关联性为基础，通过对 23 项政策的两两直接关系分析，建立如下邻接矩阵 $\boldsymbol{A}$：

$$
\begin{bmatrix}
1&1&0&0&0&1&1&0&0&1&0&0&0&0&0&0&0&0&1&0&0&1&0\\
0&1&0&0&1&1&1&0&0&0&0&0&0&0&0&1&0&0&1&0&0&0&0\\
0&0&1&0&0&0&0&0&0&0&0&0&0&0&0&0&0&0&0&0&0&0&0\\
0&0&0&1&0&0&0&0&0&0&0&0&0&0&0&0&0&0&0&0&0&0&0\\
0&0&0&0&1&0&0&0&0&0&0&0&0&0&0&0&0&0&0&0&0&0&0\\
1&1&0&0&1&1&1&0&0&0&1&1&1&0&0&0&0&0&0&0&1&1&0\\
0&1&0&0&0&0&1&0&0&0&0&1&1&0&0&0&0&0&0&0&0&1&0\\
0&0&0&0&0&0&0&1&0&0&0&0&0&0&0&0&0&0&0&0&0&0&0\\
0&0&0&0&0&0&0&0&1&0&0&0&0&0&0&0&0&0&0&0&0&0&0\\
0&0&0&0&0&0&0&0&0&1&0&0&0&0&0&0&0&0&0&0&0&0&0\\
0&0&0&0&0&0&0&0&0&0&1&0&0&0&0&0&0&0&0&0&0&0&0\\
0&0&0&0&0&0&0&0&0&0&0&1&0&0&0&0&0&0&0&0&0&0&0\\
0&1&0&0&0&0&1&0&0&0&0&0&1&0&0&0&0&0&0&0&0&0&0\\
0&0&0&0&0&0&0&0&0&0&0&0&0&1&0&0&0&0&0&0&0&0&0\\
1&1&1&1&1&1&1&0&1&1&1&1&1&1&1&1&1&1&1&1&1&1&1\\
0&0&0&0&0&0&0&0&0&0&0&0&0&0&0&1&0&0&0&0&0&0&0\\
0&0&0&0&0&0&0&0&1&0&1&0&0&0&0&0&1&0&0&0&0&0&0\\
0&0&0&0&0&0&0&0&0&0&0&0&0&0&0&1&1&1&1&1&0&0&0\\
0&0&0&0&1&1&1&1&1&0&0&0&0&0&0&0&0&0&1&0&0&0&0\\
0&0&0&0&0&0&0&0&0&0&0&0&0&0&0&0&0&0&0&1&0&0&0\\
1&1&1&1&1&1&1&0&1&1&1&1&1&1&0&1&1&1&1&1&1&1&1\\
0&0&0&0&0&0&0&0&0&1&0&0&0&0&0&0&0&0&0&0&0&1&0\\
1&0&0&0&0&0&0&0&0&0&0&0&0&0&0&0&0&0&0&0&0&0&1
\end{bmatrix}
$$

5.2.2 构建可达矩阵

根据邻接矩阵，基于推移率定律进行运算，可获得 $\boldsymbol{A}$ 的可达矩阵。

根据可达矩阵运算规则，即设 $\boldsymbol{A}_1=(\boldsymbol{A}+\boldsymbol{I})^1,\boldsymbol{A}_2=(\boldsymbol{A}+\boldsymbol{I})^2,\cdots$，$\boldsymbol{A}_n=(\boldsymbol{A}+\boldsymbol{I})^n$，运用布尔代数运算规则，即 0+0=0，0+1=1，1+0=0，1+1=1，0×0=0，0×1= 0，1×0= 0，1×1=1，循环计算直至 $\boldsymbol{A}_r=\boldsymbol{A}_{r+1}$，利用 MATLAB 软件对矩阵（$\boldsymbol{A}+\boldsymbol{I}$）进行幂运算，可得如下可达矩阵 $\boldsymbol{R}$：

$$
\begin{bmatrix}
1&1&1&1&1&1&1&1&1&1&1&1&1&1&0&1&1&1&1&1&1&1&1\\
1&1&1&1&1&1&1&1&1&1&1&1&1&1&0&1&1&1&1&1&1&1&1\\
0&0&1&0&0&0&0&0&0&0&0&0&0&0&0&0&0&0&0&0&0&0&0\\
0&0&0&1&0&0&0&0&0&0&0&0&0&0&0&0&0&0&0&0&0&0&0\\
0&0&0&0&1&0&0&0&0&0&0&0&0&0&0&0&0&0&0&0&0&0&0\\
1&1&1&1&1&1&1&1&1&1&1&1&1&1&0&1&1&1&1&1&1&1&1\\
1&1&1&1&1&1&1&1&1&1&1&1&1&1&0&1&1&1&1&1&1&1&1\\
0&0&0&0&0&0&0&1&0&0&0&0&0&0&0&0&0&0&0&0&0&0&0\\
0&0&0&0&0&0&0&0&1&0&0&0&0&0&0&0&0&0&0&0&0&0&0\\
0&0&0&0&0&0&0&0&0&1&0&0&0&0&0&0&0&0&0&0&0&0&0\\
0&0&0&0&0&0&0&0&0&0&1&0&0&0&0&0&0&0&0&0&0&0&0\\
0&0&0&0&0&0&0&0&0&0&0&1&0&0&0&0&0&0&0&0&0&0&0\\
1&1&1&1&1&1&1&1&1&1&1&1&1&1&0&1&1&1&1&1&1&1&1\\
0&0&0&0&0&0&0&0&0&0&0&0&0&1&0&0&0&0&0&0&0&0&0\\
1&1&1&1&1&1&1&1&1&1&1&1&1&1&1&1&1&1&1&1&1&1&1\\
0&0&0&0&0&0&0&0&0&0&0&0&0&0&1&0&0&0&0&0&0&0&0\\
0&0&0&0&0&0&0&0&1&0&1&0&0&0&0&0&1&0&0&0&0&0&0\\
1&1&1&1&1&1&1&1&1&1&1&1&1&1&0&1&1&1&1&1&1&1&1\\
1&1&1&1&1&1&1&1&1&1&1&1&1&1&0&1&1&1&1&1&1&1&1\\
0&0&0&0&0&0&0&0&0&0&0&0&0&0&0&0&0&0&0&1&0&0&0\\
1&1&1&1&1&1&1&1&1&1&1&1&1&1&0&1&1&1&1&1&1&1&1\\
0&0&0&0&0&0&0&0&0&1&0&0&0&0&0&0&0&0&0&0&0&1&0\\
1&1&1&1&1&1&1&1&1&1&1&1&1&1&0&1&1&1&1&1&1&1&1
\end{bmatrix}
$$

从可达矩阵 $\boldsymbol{R}$ 可以看出，P11、P12、P22、P23、P33、P44、P45、P52、P54 的行列相同，去掉重复行列，仅保留 P11 所在行列，得到如下缩减矩阵 $\boldsymbol{R'}$：

$$
\begin{bmatrix}
1 & 1 & 1 & 1 & 1 & 1 & 1 & 1 & 1 & 1 & 0 & 1 & 1 & 1 & 1 \\
0 & 1 & 0 & 0 & 0 & 0 & 0 & 0 & 0 & 0 & 0 & 0 & 0 & 0 & 0 \\
0 & 0 & 1 & 0 & 0 & 0 & 0 & 0 & 0 & 0 & 0 & 0 & 0 & 0 & 0 \\
0 & 0 & 0 & 1 & 0 & 0 & 0 & 0 & 0 & 0 & 0 & 0 & 0 & 0 & 0 \\
0 & 0 & 0 & 0 & 1 & 0 & 0 & 0 & 0 & 0 & 0 & 0 & 0 & 0 & 0 \\
0 & 0 & 0 & 0 & 0 & 1 & 0 & 0 & 0 & 0 & 0 & 0 & 0 & 0 & 0 \\
0 & 0 & 0 & 0 & 0 & 0 & 1 & 0 & 0 & 0 & 0 & 0 & 0 & 0 & 0 \\
0 & 0 & 0 & 0 & 0 & 0 & 0 & 1 & 0 & 0 & 0 & 0 & 0 & 0 & 0 \\
0 & 0 & 0 & 0 & 0 & 0 & 0 & 0 & 1 & 0 & 0 & 0 & 0 & 0 & 0 \\
0 & 0 & 0 & 0 & 0 & 0 & 0 & 0 & 0 & 1 & 0 & 0 & 0 & 0 & 0 \\
1 & 1 & 1 & 1 & 1 & 1 & 1 & 1 & 1 & 1 & 1 & 1 & 1 & 1 & 1 \\
0 & 0 & 0 & 0 & 0 & 0 & 0 & 0 & 0 & 0 & 0 & 1 & 0 & 0 & 0 \\
0 & 0 & 0 & 0 & 0 & 1 & 0 & 1 & 0 & 0 & 0 & 0 & 1 & 0 & 0 \\
0 & 0 & 0 & 0 & 0 & 0 & 0 & 0 & 0 & 0 & 0 & 0 & 0 & 1 & 0 \\
0 & 0 & 0 & 0 & 0 & 0 & 1 & 0 & 0 & 0 & 0 & 0 & 0 & 0 & 1
\end{bmatrix}
$$

5.2.3 层次化处理

分析缩减矩阵 $\boldsymbol{R}'$，将与要素 S_i 有关的要素集中起来，定义为要素 S_i 的可达集合 $\boldsymbol{R}(S_i)$；同理，到达要素 S_i 的要素构成 S_i 的先行集和 $\boldsymbol{A}(S_i)$，其中 $\boldsymbol{R}(S_i)=\{S_j / S_j \in S,\ m_{ij}=1\}$，$\boldsymbol{A}(S_i)=\{S_j / A_j \in S,\ m_{ji}=1\}$。

假设一个多级结构的最上一级节点为 S_i，那么它的可达集 $\boldsymbol{R}(S_i)$中只能包含它本身和它同级的某些节点（互为可达）。另外，最上级节点 S_i 的前因集 $\boldsymbol{A}(S_i)$应包含 S_i 本身和结构中所有可能到达 S_i 的节点。因此，如果 S_i 是最上一级节点，它必须满足如下条件：

$$\boldsymbol{R}(S_i)=\boldsymbol{R}(S_i)\bigcap \boldsymbol{A}(S_i)$$

由此可得到各要素的可达集，见表 5-1。

表 5-1 可达集迭代一

i	R(i)	A(i)	R(i)∩A(i)	层次
1	P11，P13，P14，P21，P24，P25 P26，P31，P32，P34，P42，P43 P51，P53	P11，P41	P11	
3	P13	P11，P13，P41	P13	I
4	P14	P11，P14，P41	P14	I
5	P21	P11，P21，P41	P21	I
8	P24	P11，P24，P41	P24	I
9	P25	P11，P25，P41，P43	P25	I
10	P26	P11，P26，P41，P53	P26	I
11	P31	P11，P31，P41，P43	P31	I
12	P32	P11，P32，P41	P32	I
14	P34	P11，P34，P41	P34	I
15	P11，P13，P14，P21，P24，P25 P26，P31，P32，P34，P41，P42 P43，P51，P53	P41	P41	
16	P42	P11，P41，P42	P42	I
17	P25，P43	P11，P41，P43	P43	
20	P51	P11，P41，P51	P51	I
22	P26，P53	P11，P41，P53	P53	

由于要素 P13、P14、P21、P24、P25、P26、P31、P32、P34、P42 与 P51 的可达集与交集相同，所以它是 ISM 的顶层，处于第 I 层。去掉这些要素所在的行列，形成新的可达集和先行集关系，见表 5-2。

表 5-2 可达集迭代二

i	R(i)	A(i)	R(i)∩A(i)	层次
1	P11，P43，P53	P11，P41	P11	
15	P11，P41，P43，P53	P41	P41	
17	P43	P11，P41，P43	P43	II
22	P53	P11，P41，P53	P53	II

由于 P43 与 P53 的可达集与交集相同，所以 P43 与 P53 是 ISM 第 II 层的要素，处于第 2 层。去掉这些要素所在的行列，形成新的可达集和先行

集关系，见表 5-3。

表 5-3 可达集迭代三

i	$R(i)$	$A(i)$	$R(i)\cap A(i)$	层次
1	P11	P11，P41	P11	Ⅲ
15	P11，P41	P41	P41	Ⅳ

5.2.4 ISM 的建立

由级别划分结构构建出促进环保产业发展的政策制度链结构，如图 5-1 所示。

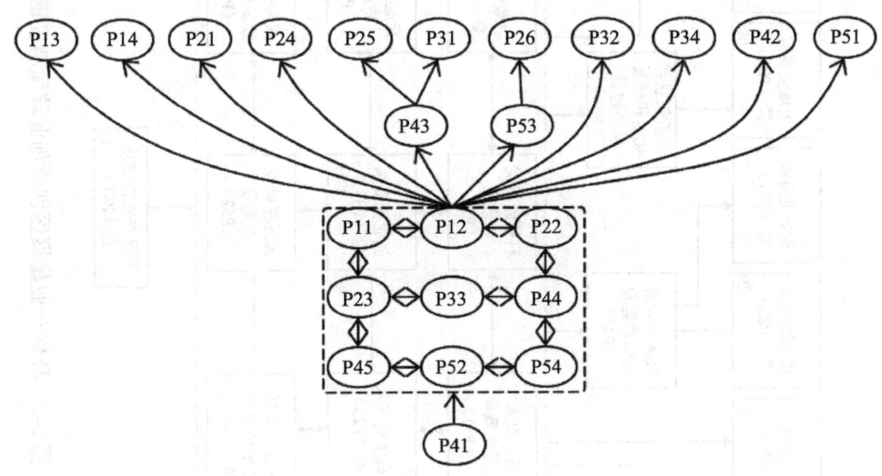

图 5-1 环保产业集聚区创新创业政策制度链结构框架

5.3 政策链结构解析

环保产业集聚区创新创业政策共分为 4 个层次。各个层次的政策之间紧密联系，通过不同的路径和方式在环保产业集聚区建设过程中产生促进作用。通过建立 ISM，各项政策之间的内在关系、重要程度一目了然（图 5-2）。

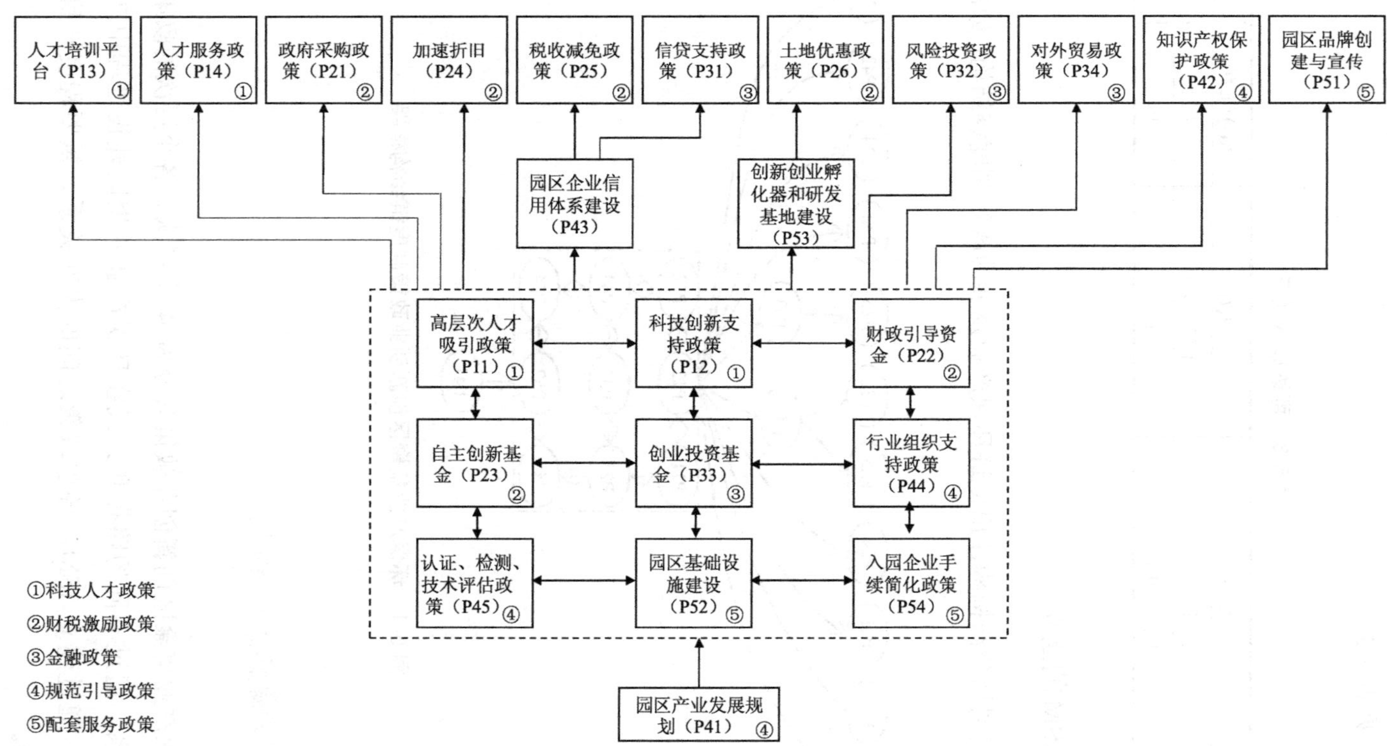

图 5-2 环保产业集聚区创新创业政策制度链结构

第 4 层政策是促进环保产业集聚区发展的根本因素，是集聚区建设首要制定的政策。集聚区的产业发展规划是指导未来一个时期集聚区健康发展的行动纲领，通过制定合理、有效、操作性强的集聚区发展规划，明确产业布局、产业结构、发展方向、招商引资、土地开发、运营管理及促进政策措施，才能推进集聚区建设和经济健康、快速发展。

第 3 层政策是集聚区建设初期亟须制定的政策，政策之间应当统筹协调。亟须制定的政策包括高层次人才吸引政策，科技创新支持政策，财政引导资金，自主创新基金，创业投资基金，行业组织支持政策，认证、检测、技术评估政策，园区基础设施建设，入园企业手续简化政策，这些政策之间相互影响、相互支持，关联性较大，应当同时制定并实施。

第 2 层政策是集聚区关键政策制定的衔接政策，具有承上启下的作用。该层政策包括园区企业信用体系建设政策、创新创业孵化器和研发基地建设政策。大部分中小型环保科技企业因轻资产、高风险、规模小、缺少抵押物等而导致企业融资困难，阻碍了企业的快速发展，集聚区通过制定企业信用体系建设政策，建立信用信息数据库，以工商、税务信息和企业信用评级为基础，为金融机构选择服务对象提供参考，为税务部门落实税收优惠政策提供依据。此外，基于创新创业孵化器和研发基地建设政策，为中小型环保科技企业入驻孵化器和研发基地提供了土地优惠或租金减免的前提条件。

第 1 层政策是集聚区发展过程中的重要政策，是影响企业发展最直接的政策。该层政策包括人才培训平台、人才服务政策、政府采购政策、加速折旧、税收减免政策、信贷支持政策、土地优惠政策、风险投资政策、对外贸易政策、知识产权保护政策、园区品牌创建与宣传等。其中，人才培训平台、人才服务政策、政府采购政策、加速折旧、风险投资政策、对外贸易政策、知识产权保护政策、园区品牌创建与宣传等政策的驱动力和依赖性都相对较弱，较少受其他政策的影响，为自治变量，在推进集聚区建设、发展的过程中应单独考虑。

6 环保产业集聚区创新创业政策联动建议

政策联动主要源于协同理论（synergetics）。协同理论也称“协同学”或“协和学”，是 20 世纪 70 年代以来在多学科研究的基础上逐渐形成和发展起来的一门新兴学科，是系统科学的重要分支理论[70]。系统能否发挥协同效应是由系统内部各子系统或组分的协同作用决定的，协同得好，系统的整体性功能就好。政策联动主要强调宏观政策背景下不同子政策之间的协同和联动，以便充分发挥宏观政策的主力作用。

6.1 分阶段制定差异化政策

无论环保产业集聚区是由政府、企业还是由科研机构主导建设的，政府都是集聚区建设的重要主体，是建设规划实施的统一领导者、管理者和协调者，在集聚区建设的保障体系中处于引导地位。在环保产业集聚区的建设中，政府应在落实国家和地方已有产业政策、技术改造管理政策的基础上，对集聚区建设的投资者在基础设施建设与使用、土地使用、税费征收及项目审批等方面给予适当的优惠和政策倾斜。企业作为环保产业集聚区中最重要的组成部分，其发展状态直接决定集聚区甚至环保产业的发展水平。科研机构作为集聚区中最主要的服务型组织，是提升环保技术水平的中坚力量。总体而言，政府、集聚区、企业、科研机构是决定环保产业集聚区发展状态和发展水平的核心因素，需要联合各方力量促进创新创业政策的联动制定与实施。另外，由于集聚区不同阶段所处的环境不同、发展水平不同，所面临的问题及应对措施也会有所差异，因此应分阶段制定针对性的政策，联动推动集聚区环保产业的发展。

6.1.1 初创阶段

一是制定合理的产业规划，引导相关联的企业向规划的产业集聚。由于环保产业具有半公益性质，各地环保产业集群往往先由政府主导，尤其是在其发展的初级阶段，此时环保产业集聚区内的企业较少，尚未实现规模化效应，产品生产与本地联系较少，企业之间的联系松散且不稳定。地方政府应根据地区特殊的比较优势、供给和需求结构、文化氛围等制定合理的产业规划，引导相关联的企业向规划的产业集聚，加强政府战略影响。

二是打造有利于产业集聚的硬件环境。集聚区在初创阶段各项基础设施均不完善，尚未形成适宜企业生存发展的环境支撑。因此，政府应加强主导作用，加大财政在集聚区基础设施建设中的投入，加快交通、电力、排污、通信等基础设施的建设，建设企业发展的产业带、产业园区等集聚区企业发展的必要载体和企业孵化器、重点实验室、技术认证中心，以及创新创业基础平台等环保企业创新源泉，创造和提供企业集聚的外部环境，吸引环保企业、人才在集聚区的聚集和扎堆。

三是营造良好的政策环境，聚集龙头企业与科研力量。龙头企业是集群发展的核心，是集群得以发展壮大的关键。政府应全力支持骨干企业发挥龙头集聚作用，引导社会资源向龙头企业集聚，综合运用财税、金融、土地等政策措施，加大集聚区的宣传力度，注重行业协会等辅助机构的引入，推动龙头企业和关联企业向集聚区聚集。鼓励龙头企业对其上下游企业、配套企业进行重组改造，逐步衍生和吸引更多相关企业并促进企业集聚，延长集聚区环保产业链条，通过集聚效应降低综合成本，提高龙头企业的竞争力。同时，要注重引入科研机构和科技创新人才，为环保企业的创新发展提供科研平台与力量。

6.1.2 成长阶段

一是加大研发投入，提升集群企业的科技创新能力和技术转化能力。财政资金支持是政府参与扶持创新创业活动最主要的直接投入方式，也是衡量集聚区创新创业能力的关键指标。而环保产业本身具有半公益性，环保技术创新、环保产品开发又具有较大风险，导致环保企业自主创新动力不足。政府应持续加大财政资金投入，通过设立自主创新基金等方式加大对环保技术研发、开发和转化的扶持力度，提高科研成果转化率，使其成为环保产业集聚区创新创业的有力杠杆，进一步激发集聚区企业自主创新的热情，改善企业自主创新的外部环境，提升环保企业的竞争力。

二是降低企业经营成本，创造良好的营商环境。环保企业由于轻资产、高风险、规模小、抵押物少等原因，普遍面临融资难的困境，因而阻碍了企业的快速发展。政府层面应制定信贷支持政策，加强集聚区信用体系建设，开展集聚区企业信用评级，基于评级结果以低息贷款或融资担保的方式支持集聚区小型高科技企业发展。此外，政府层面应制定税收减免政策，合理降税减负，进一步减轻环保企业的经营负担，促进“双创”活动的进行；同时，应进一步加大集聚区品牌创建与宣传，吸引产业链上下游企业入驻集聚区，围绕产业链部署创新链，依托创新链提升价值链，提升创新创业能力，促进集聚区企业做大做强。

三是加强平台建设，完善制度建设。发展阶段是环保产业集聚区发展最快也是最关键的时期，在这一阶段，环保产业集聚区的快速发展需要来自政府、金融机构、科研机构等多方力量及时输送“营养”，这是环保产业集聚区创新网络建设和集群效应发挥的重要前提。政府通过搭建各类融资渠道、信息服务平台、创新创业平台，进一步完善集聚区基础设施建设等，合理地调动市场资源，为集聚区信息交流、资源流动提供必要的渠道，为集聚区的发展保驾护航。

6.1.3 成熟阶段

一是推动集聚区的市场运行，并加快集聚区的国际化发展步伐。在这一阶段，环保产业集聚区各项规章制度经过较长时间的运行已逐渐修改完善并稳定下来，集聚区的发展速度也有所放缓，政府可以适当地简政放权，通过市场化运营来进一步激发集聚区活力、提升环保产业集聚区的运行效率。除此之外，在转型阶段，随着环保产业集聚区的发展壮大，区域市场甚至国内市场也会逐渐饱和，此时环保产业研发易形成“瓶颈”。为进一步刺激市场需求，政府可以利用自身资源优势，通过政府合作、政府担保等形式协助集聚区企业打开国际市场，促进环保产品和环保技术的国际流动。

二是推动企业提升环保技术水平，优化产业链条。在成熟期，随着环保产业集聚区的发展速度逐渐放缓，环保企业原先在发展阶段的持续性高增长速度也难以为继。在这一阶段，政府层面应提高与预期创新有关的资产或者设备折旧率，继续实施税收减免政策和信贷支持政策，推动环保企业积极转变增长方式，鼓励企业加大研发投入力度，进一步提升企业科研实力；鼓励企业通过技术引进、联合开发等形式，提升自身的技术水平。企业环保技术水平的提高，有利于改善集聚区的产品结构、优化产业链条。

三是整合企业资源，并提升集聚区管理效率。环保产业集聚区前期已经在科研、平台建设、资金支持等方面积累了十分丰富的资源和经验，而在转型阶段应当重新制定发展规划，进一步根据新阶段的战略布局对集聚区的资源优势进行优化布局，从而使资源优势的潜力可以得到进一步发挥。除此之外，随着规模的逐渐扩大，集聚区的机构设置、产业结构也逐渐变得纷繁复杂，应当充分利用互联网的平台优势，优化集聚区的管理模式，提升集聚区的管理效率。

6.1.4 转型阶段

在集聚区转型阶段，由于企业发展的后劲不足、收入和利润下降，现金流可能短缺，政府应该采用财政补贴、财政贴息及税额抵免等政策，促使集聚区内的企业在原核心产业的基础上升级或出现新的核心业务，促进集群内产品结构的转化和升级，成为集聚区新的经济增长点，从而适应经济发展的需要。

6.2 建立财税引导激励机制

6.2.1 加大财政投入，优化资金支持方向

一是重点支持环保产业集聚区的基础设施建设。环保产业集聚区内的交通、电力、排污、通信、物流等基础设施属于“公共产品”，主要依靠财政投入。加大基础设施投入，提高基础设施配套能力，为集聚区内的企业创造良好的硬件环境，有利于吸引更多的环保企业、人才在集聚区聚集。

二是重点支持成果应用与转化。通常处于创新创业种子期的理论基础研究主要依托高校和科研院所来完成。在我国科研与开发、中间试验、技术产业化投资方面的科技投入比例为 1∶1∶10，而国际上通常是 1∶10∶100，显然中间试验和技术产业化的投资短缺是我国成果转化慢的重要原因[71]。因此，在集聚区层面，一方面应重点支持成果的研制、开发、转化等具有潜在市场价值的环节，支持集聚区内的高新技术环保企业的“孵化器”建设，进一步提高技术成果的转化率；另一方面应拓宽投资渠道，加大吸引非政府投资加入中间试验和技术产业化技术环节，使中间试验和技术产业化投资适应科技发展和转化的要求，切实解决科技成果转化遇到的资金“瓶颈”问题，从而加快成果的研制、开发和转化过程。同时，基础研究为应用研究提供了理论支持和技术支持，也可以借助产、学、研联合的方式在环保产业集聚区建设科研基地加以实现，为基础研究提供更为广阔的市场环境。因此，加大财政资金在中间试验与技术产业化和重大科研项目的投入，对于环保产业集聚区技术水平的提高和“孵化器”作用至关重要。

三是加大对科技创新人才的资金支持力度。制定领军人才和企业创新创业团队资金支持政策，重点对环保学术技术带头人、拔尖人才和科技创业人才及海归创业人才给予资金支持；对重大科技成果或者科技成果转化取得巨大社会经济效益的企业和人员给予科技奖励，形成吸引、培养和激励高素质创新人才的良好机制，调动集聚区企业科技人员创新热情。

6.2.2 优化资金支持方式，提高资金使用效益

一是对中间试验和重大科研项目采用“前补助”，对科技创新研究成功的企业项目给予“后奖励”，采用“前补助、后奖励”的方式支持综合环境服务模式的示范。设立环保产业发展专项资金，重点支持中间试验和重大科研项目及环保先进技术示范应用（首台套），对用环保先进技术新建、改扩建减排工程或设施等项目实施“前补助”，对科技创新研究成功的企业项目给予“后奖励”。采取“前补助、后奖励”方式支持以环境质量改善为导向的环境综合治理服务，对采用综合环境服务模式以实现环境质量改善和污染物减排的重大环保工程示范项目给予一次性资金补助，项目建成后并稳定运行半年以上、环境质量有明显改善的，给予环境服务企业一次性运营奖励。

二是采用政策性融资或贴息的方式支持环保企业研发新技术、新产品。设立自主创新基金，改变过去完全无偿的投资方式，采用无息贷款或低息贷款的方式支持一些较成熟的项目，作为企业进行技术成果转化和进入产业化阶段的启动资金，或采用参股方式支持中小企业研发新技术、新产品。运用贴息、担保等政策倾斜方式，搭建大额度、中长期贷款通道，“四两拨千斤”地引导、构筑新兴的银企合作关系，引导银行资金投向高成长性及暂时处于资金困境但具有广阔市场前景的环保企业和项目，降低企业技术创新的风险。

三是以政府采购支持环保企业技术创新。制定和实施集聚区内的企业自主研发科技含量高、附加值高的产品和环境综合服务的政府采购政策，通过运用经济手段对技术、产品落后的企业进行淘汰，利用采购规模优势和政策导向的作用，让拥有先进技术和服务的环保企业在短时间内提高市场占有率，提高投资研发活动的回报率，提升企业自身研发的成本补偿能力和再投资能力，创造企业持续的竞争优势，形成创新带动型的发展模式。

6.2.3 完善税收优惠政策，激励企业加大自主创新力度

一是全面贯彻落实国家、省关于企业发展的各项税收优惠政策。我国

环保产业可分为环保技术与设备（产品）、环境服务和资源综合利用三个部分，环保企业享受的税收优惠政策主要包括免税、即征即退、税收抵免、税收减免、加计扣除、减计收入、加速折旧、低税率等。政府部门应全面落实企业购置使用环境保护、节能节水专用设备的所得税优惠政策，科技型中小企业研究开发费用税前加计扣除，以及对从事污染防治的第三方企业比照高新技术企业实行所得税优惠政策。

二是统筹规划设计，补齐优惠政策短板。税收作为政府宏观调控的重要经济杠杆，在促进经济发展、优化资源配置、调节产业结构等方面发挥着举足轻重的作用。环保产业以生态保护与环境治理公益性为主的特征决定了其发展主要依靠政策驱动。税收优惠政策对生态环境治理与环保产业的发展至关重要。建议针对突出问题，把握关键环节，统筹规划，系统设计，鼓励环保企业不断加大环保技术研发投入、增加环保设施投资、提高运营服务水平，推动环保产业高质量发展。完善环保技术研发与成果转化税收优惠政策，鼓励企业做大做强。加强推动环保设施改造与更新的税收优惠政策制定。[72]

三是建立动态的税收优惠政策评估与管理机制。财政税务部门要与工商部门、金融部门、环保部门、科技部门协调配合，定期调研税收优惠实施效果，对于实践中出现的问题要及时汇总和反馈，为政策的调整与优化奠定基础。同时，借鉴国内外经验，制定出一个科学的指标体系，开展税收优惠政策绩效评价工作，对其社会效益做出合理评估。对于成本远大于收益、作用微弱的税收优惠政策，要及时废止和清理，避免违背市场规律，影响公平竞争。

6.3 构建技术创新支撑体系

6.3.1 构建“众创空间+孵化器+加速器+产业园区”的创新创业链条

一是发展众创空间。鼓励高校、科研院所在环保产业集聚区设立大学生创业就业基地，为孵化企业提供办公场地、活动场地、共享设施、产品展示、观点分享、项目路演等硬件配套支撑，为创业者提供工作空间、网络空间、社交空间、共享空间，以降低大众参与创新创业的成本和门槛。为孵化企业和毕业企业提供政策、法律、财务、投融资、专家咨询论证、企业管理、人力资源、市场推广和加速成长等方面的服务，开展各种形式的沙龙、训练、大赛等活动，促进企业创业交流和协同进步，也为人才资源对接、线上线下相结合、孵化与投资对接提供平台，以降低创业风险和创业成本。

二是孵化培育创新型环保科技企业。积极培育环境技术研发设计、中试熟化、创业孵化、检验检测、知识产权等各类中介服务机构。强化政府资金引导，拓宽投融资渠道，鼓励社会资本参与设立自主创新基金和创业投资基金，投资处于初创期、种子期的发展潜力高、技术创新能力强的创业较早的初创企业。构建“孵化+创投”的创业模式，推动小微企业向“专精特新”发展。

三是建设企业加速器，培育壮大“瞪羚型”环保科技企业。企业加速器重点支持处于成长期的科技中小企业和从科技企业孵化器中成功毕业的企业，或搭配选择市场中处于成长阶段的优秀科技中小企业，为企业做大做强提供资本、人才、市场等深层次服务。政府应加大引导资金的投入力度，吸引更多民营资本，包括银行贷款、风险投资，组成更多的市场化基金公司，如建立银行贷款担保机制，并联合担保公司、社会信用评价机构等向银行担保，为企业开通绿色贷款通道；搭建桥梁，推进天使投资、风险投资等投资机构对企业进行融资。培育壮大相关平台和中介组织，为企业提供知识产权、投融资、跨国投资、上市交易等深层次法律财务方面的服务。真正实现从团队孵化到企业孵化再到产业孵化的全链条、一体化服务，推动创新型环保产业集群发展。

6.3.2 建立产学研战略联盟与技术转移转化中心，促进科技成果转化

一是建设公共基础服务平台。强化政府的引领作用，制定高层次人才引进政策和科技创新支持政策，为解决高层次人才的户籍、居住、家属就业、子女教育等问题提供一站式服务，对环境科技领军人才、创新团队、

拔尖人才等给予资金支持，鼓励高校、科研院所开展产学研合作，建立院士工作站（或博士后工作站）、工程技术研究中心、实验室、技术转移中心，共同开展试点示范，联合推进产业化应用。培育壮大科技中介服务机构，促进产学研的有机结合。

二是探索以企业为主体的产学研模式，建立产学研战略联盟。我国企业的创新能力不足，难以承担技术创新主体的重任，高校、科研院所的科技成果则难以转化为现实生产力，建立以企业为主体、市场为导向、产学研相结合的技术创新体系是解决上述两难困境的重要途径。强化企业技术创新主体地位，鼓励由集聚区内的龙头企业牵头，高校、科研单位和行业协会共同参与组建环保技术创新战略联盟，就环保产业关键、共性技术进行突破性研发，通过资源整合、优势互补，使科研与生产紧密衔接，促进技术集成创新和产业结构优化升级，提升产业核心竞争力。探索建立环保技术创新风险共担机制，支持保险服务绿色技术创新，降低企业绿色技术创新风险。

三是建立集聚区技术转移转化中心。聚焦环保产业和技术，为环保企业提供专利策划方案、专利咨询服务和诊断服务。积极与金融、资本等结合，以资本的力量推动环境技术转移转化。举办创新创业大赛，集聚整合环保人才、环境技术、资本、市场等各种创新创业关键要素，为环保企业提供辅导培训、金融投资、技术转移、展览展示、市场对接等各类服务，推动环保创新技术成果转化。

四是完善产学研战略联盟管理制度建设。组织管理是联盟正常、有效运行的重要保障。建立集聚区产学研战略联盟规章制度，明确产学研战略联盟的主要目标与任务，推进技术进步与模式突破，开展国内外技术合作、培训与交流工作。明确组织机构及职责，设立产学研联盟办公室，派遣工作人员建立产学研联盟成员之间的互动机制。规定联盟知识产权约定与知识产权技术的转移和扩散。

6.3.3 强化环境技术与产品认证服务，推动环境技术交流与设备交易

一是建立环境技术与产品认证平台。加强环境技术与产品认证服务，

为环保企业提供环境保护技术和产品检测、评估、认证工作，以及环境标志认证、体系认证、产品认证和绿色供应链认证等认证服务，淘汰落后供给能力，着力提高集聚区节能环保产业供给水平，全面提升装备产品的绿色竞争力。在集聚区建立系统科学、开放融合、指标先进、权威统一的环境技术与产品认证、标识体系，实现一类产品、一个标准、一个清单、一次认证、一个标识的体系整合目标。

二是建设技术交流与交易平台。紧扣国内外环境技术发展趋势与环境问题的新变化、新特点，充分发挥学会、团体的资源优势，立足本地区，建立环保技术设备展示体验中心，运用先进的技术和手段，全面展示生态环境治理领先技术、产品、资讯、解决方案与应用范例，为环境服务产业搭建新技术、方案、产品的展示、鉴定、应用、交流和交易平台，以及生态环境科普教育的展示体验中心，推动环保技术交流与设备交易。

6.4 推进创新创业金融支持

6.4.1 出台信贷支持政策，解决中小企业融资难的问题

一是加强环保企业信用体系建设。中小型环保科技企业由于轻资产、高风险、规模小、缺少抵押物等导致融资困难，阻碍了企业的快速发展。依托行业中介组织在集聚区建立企业信用信息平台，建立信用信息数据库，以工商、税务信息和企业信用评级为基础，对集聚区内环保企业的技术服务质量、资信、环保项目等进行抽查与评估，并公开信用评价等级，在信贷等业务合作中有选择地广泛征询相关部门对服务对象的信用记录，为金融企业提供参考，缓解因信息不对称造成的企业融资难问题，为中小企业融资创造一个良好的外部环境。

二是加强银行信贷支持力度。对于中小环保企业来说，由于企业规模小、距离公司上市的标准差距大，企业很难通过债券、股票、基金、风险投资等手段获得自主创新资金，融资渠道仍以银行贷款为主，非常单一。政府应支持各类商业银行和金融机构在集聚区设立针对环保科技企业创新

创业融资支持的工作部门，强化对科技型中小企业贷款的分账考核和专项指导，提高授信额度，扩大抵押贷款的抵押物种类范围，增加个人抵押贷款的上限，简化其贷款手续，为科技创业主体提供灵活多样的融资方式和信贷支持。要加大对金融担保的财政投入，促进政府主导的融资担保和再担保体系的发展，鼓励银行创新贷款抵押品，切实解决企业“担保难”和“抵押难”的问题。

三是创新环保产业融资担保方式。发挥政府资金的杠杆作用，出资建立环保产业融资担保基金公司，开展排污权、特许经营权、政府购买服务协议、环境服务合同权益、专利权、碳资产及环境权益质（抵）押等融资担保服务，对环保企业融资提供担保支持，助推企业做大做强，解决中小环保企业融资难题。

6.4.2 建设多元化融资平台，助推企业成长壮大

一是设立环保产业投资基金。大力发展产业投资基金是贯彻全面深化改革战略的重要工作之一。设立环保产业发展基金将为环保产业提供强有力的直接资金保障，将改变长期以来环保产业以企业自筹资金为主的单一融资渠道，有效缓解制约环保企业发展投资不足的问题，是解决中小企业融资难的有效途径。环保产业投资基金应实施市场化运作、专业化管理，所有权、管理权、托管权分离，基金设立、投资管理、退出等按照市场规则运作原则，将财政资金和社会资金按照一定比例投入。财政资金来源于符合预算支出管理制度要求的预算资金，社会资金来自银行和相关机构。借鉴国内外相关基金的经验，环保产业基金采用有限合伙方式，将投资与管理分离，不参与基金的日常工作和投资决策，并在适当时间采用股权转让的方式以确保资金退出。重点支持纳入《战略性新兴产业重点产品和服务指导目录》的技术和服务，投资处于起步期、种子期的创业较早的初创环保企业，弥补一般创业的资金不足等问题，推进污染防治新技术、新工艺及清洁生产新技术、循环经济支撑技术等成果转化与推广应用，提高我国环保产业自主创新能力。基金具体运营管理由专业基金管理公司负责，基金管理公司由具有主导管理意向、出资最多、具备专业管理能力的普通

社会出资人牵头组建，或委托专业的基金管理公司。

二是建立天使投资引导资金。探索发展股权众筹融资，通过改革和金融创新引领新一轮创业创新浪潮。通过建立天使投资引导资金、奖励优秀天使投资人等方式，鼓励更多的本土成功企业家等从事天使投资，搭建天使投资联盟的信息共享平台，拓宽天使投资人与创业者之间的沟通渠道，消除投资过程中的信息不对称问题。从而进一步提升天使投资人与创业者之间的互动积极性，形成鼓励大众创业、万众创新的创业氛围，引导和推动新一轮创业创新浪潮的壮大。探索发展股权众筹融资等新型融资方式，开展众筹融资试点，支持创业企业新型直接融资渠道的发展。

三是设立风险投资引导基金。通过税收优惠、注册便利、政策扶持等方式，吸引各类金融企业及境内外金融投资机构设立分支机构，发展一批投资理念完善的风投公司，从而壮大股权投资机构的参与主体，以丰富集聚区内中小企业自主创新的融资渠道。以政府引导基金为杠杆“撬动”股权投资机构的集聚，通过股权投资机构的集聚发挥其规模效应，提升其发展潜力和增长空间。出台有吸引力的新三板资助政策，对具备上市条件的潜在企业做好针对性支持，对成功上市的企业给予资金奖励。同时，继续加大力度发展区域性的场外交易市场、券商柜台市场，降低融资门槛，拓宽金融服务范围。对于一些运用股权交易融资、股权质押贷款、中小企业私募债等方式成功融资的科技创业企业，可以适当给予一定的税收奖励和财政补贴。另外，要创新金融配套服务，建设公益性、门槛低的平台，使更多未上市科技创新创业企业共享融资信息，开展创业企业成长培训教育，与直接的融资平台进行有效对接。

6.5 加大环保人才引进力度

在环保产业集群的发展中，必须要高度重视教育事业，重视人力资源开发，重视人才培养，积极实施人才战略；建立良好的用人机制，以人才战略带动区域的经济发展。另外，在注重现有人才开发的同时，还要加强对外部人才的引进。

6.5.1 突出招才引智，加强引进力度与精准度

一是建立科学的人才引进制度。深入开展人才结构与需求分析，从人才和企业的角度出发，从人才招引一直到人才服务，针对人才需求全程给予政策支持和机制保证。借鉴国际上通行的人才引进机制，建立以政策为指导和企业需求相结合，注重人才执业知识水平、技能水平和资格认证等科学合理的指标评价体系，在评价的基础上对引进人才进行分层分类的管理，采取不同的配套服务政策，从而有针对性地吸引人才，完善人力资源结构。使集聚区成为集创新人才培养、共性技术和关键技术研发、创新成果孵化转化、技术交流于一体的重要基地。

二是注重高层次人才引进。针对高层次人才，集聚区要为高层次创新创业人才创造良好的科研、工作和生活环境，全过程支持创新人才发展。在科研与工作方面，提供孵化器等产业载体建设，给予相应的科研资助，为其科技研究与成果转化提供资金保障，并给予相应配套的扶持资金和风险投资等。在生活方面，建立有关高层次人才的健康档案机制，为其提供个性化医疗服务；切实解决其家属的安置问题和子女的入学问题，提供一定程度的启动资金、居住型办公用房及购房资助等政策，给予一定的生活补贴、社保医疗补贴、创业补贴及科研补贴等。同时，还要对高层次人才进行定期走访、交流座谈，及时了解其需求。

三是拓展人才引进渠道。充分发挥中介平台、猎头公司的作用，与行业年会、刊物、信息平台等各类专业引才机构或个人合作，开展人才招引和园区宣传，举办创业大赛、论坛、学术研讨等各类活动，多渠道上门引才，有针对性地引进和培育集聚区高精尖短缺人才。

6.5.2 加强高校及科研院所与企业的人力资源联动互动

一是鼓励企业与高校合作培养应用型人才。加强教育培养和需求的衔接，紧密结合集聚区发展的需要，通过市场和高校或科研机构的合作，形成产学研一体化的实践基地，为具备良好的知识技能但缺乏实践经验的青年人才提供培育创新能力、创业能力、创造能力的基地。借鉴目前中关村

校办企业与高校合作培养工程硕士的经验，探索联合培养人才的模式，更大规模地开展企业与高校对应用型人才的合作培养，并将培养的范围从单纯的工程专业扩大到管理、财经等各个专业领域。鼓励学校进一步开放课堂，从而鼓励集聚区企业的技术人员和管理人员参加研究生课程学习或接受网络教育。借助行业协会组织架起企业和高校、科研院所之间人力资源交流的桥梁。

二是建立多元化教育模式，提升整体人才队伍质量。加强集聚区人才培养环节，为集聚区人才提供 MPA、MBA 等在职研究生教育机会，有条件的集聚区应加大教育投入，设置相应的在职研究生教育补偿基金，支持在职高级人才进入高校攻读研究生、在职研究生、博士等学位，提高集聚区人才的学历，鼓励员工保持学习的习惯。这样有助于提高集聚区人才的质量水平及人才的内生能力，从而为集聚区提供具有创造性、创新型、专业化的人才。

6.6 推动多方政策联动实施

6.6.1 平衡政府与市场的关系，夯实创新创业政策制定的基础

在政府和市场的关系上，应将政府不该管及管不了的事情交给市场去完成，各级政府多从培育和规范市场的角度做工作。明确环保产业集聚区发展的作用点、抓手，找准切入点，发挥政府制定法律法规、监管市场运行主体行为、制定规划、维护市场秩序的职能，从环境污染治理者转变为污染治理政策制定者，通过制定政策来引导污染治理或者环境保护市场的形成；推动环境保护法规体系的建立与完善，严格执行法规并用法规来规范市场行为；制定明确、详细的环境标准，促进环境管理标准化；对环境市场运行进行有效监管，促进市场的进一步规范，形成既公平又有利于企业成长壮大的市场环境。

6.6.2 构建部门间创新创业政策联动机制，推动政策的联动实施

环保产业集聚区创新创业政策涉及科技人才政策、财税激励政策、金

融政策、规范引导政策、配套服务政策等各方面的政策。对于创新创业政策的制定、理解和实施，既需要生态环境部门积极推动，又离不开各相关部门的密切配合，各部门之间如何联动极大地影响着环保产业的发展。

一是实施政府主导部门联动。地方党委和政府越重视环保产业，环保产业集聚区创新创业政策制定、实施、推进的力度就越大。地方党委和政府应根据当地环保产业集聚区存在的突出问题，梳理出需要多部门配合制定的机制政策，结合各部门的主要职能，制定相关部门的参与程度和具体任务；把集聚区创新创业推进工作纳入党委、政府的决策过程和重要议事日程，构建以政府为主导、有关部门齐抓共管的创新创业机制。

二是多部门协调谋“联动”。明确各部门在集聚区创新创业方面的职责和任务后，要将各部门在推动创新创业中的作用发挥好，还需相关部门加强协调引导，做好服务督促工作。首先，要建立健全联席会议和联络员制度。环保、土地、规划等相关部门定期举行联席会议，加强沟通和交流。其次，要推动建立各部门联合调研、联合走访的制度机制，解决集聚区企业的实际难题，助力集聚区健康快速发展。最后，要搭建学术交流平台。定期开展集聚区创新创业相关学术交流，讨论创新创业相关政策、制度、机制等的贯彻执行情况。

6.6.3 推动不同产业集聚区互联互通，实现优势互补、协同发展

一是构建环保产业集聚区创新创业国际联动机制，鼓励我国环保产业集聚区“走出去”。一方面，发挥政府的引导和规范作用，充分利用市场机制，调动环保企业“走出去”的积极性。制定推动环保技术和产业“走出去”的规划、措施和重点项目实施计划，加强对海外投资的环境行为约束和环境风险管理，完善对外合作机制，为环保产业“借船出海”创造条件。进一步加大简政放权力度，为资金、货物、人员往来创造更加便利化的条件。完善节能环保、资源综合利用等相关财税政策，落实支持环保技术出口的企业所得税减免优惠政策，深化绿色信贷、绿色税收和绿色保险等环境经济政策，拓宽融资渠道，鼓励环保企业发行债券或在境外上市，灵活应用金融手段和投资杠杆，加大对环保企业“走出去”的金融财税支持力

度。另一方面，强化科技创新的支撑作用和企业自身能力建设，提升我国环保企业的核心竞争力。积极引导、推动和参与产学研用合作，加快关键核心环保技术和设备的研发、引进、消化、集成和创新。通过合作、并购、参股等多种形式整合战略资源，强化技术能力，培养国际化商务、技术专业人才。

二是构建环保产业集聚区创新创业纵向联动机制。鼓励集聚区开展同层次、跨层次合作，建立交流合作平台，从理念互动、项目对接、品牌输出和资本合作 4 个方面开展交流合作。在理念互动方面，建立与国内兄弟产业集聚区的交流机制，通过共建友好园区等形式，以学习考察、调查研究、互动交流等交流互访，信息互相转载、刊物相互传送、统计数据互相通报等信息共享，干部挂职等为主要形式，形成互动、广泛的合作交流学习模式。在项目对接方面，主要以项目推介、办公厂房代理招商等招商项目推介，技术推介会、共同参展、产业联盟等技术项目推介，协办招商推介会、产业转移项目信息征集和介绍发布等产业转移对接为主要方式，与合作园区建立以项目对接为纽带的合作模式。在品牌输出方面，主要通过授予合作园区使用先进产业集聚区品牌，以提供咨询顾问服务、功能服务输出、管理团队输出为主要方式，与合作园区建立较为紧密、点对点的品牌合作模式。在资本合作方面，主要以先进产业集聚区独立出资或与合作园区当地政府共同投资，以资本为纽带成立项目公司，对新的集聚区或者地块进行开发建设和招商运营。

附件 1　国家环境服务业华南集聚区环保产业政策调查问卷

尊敬的女士/先生：

您好！非常感谢您能在百忙之中抽出宝贵的时间完成这份问卷。本次调查的目的是真实、准确地了解国家环境服务业华南集聚区环保产业政策的实施情况及其效果，以及您对集聚区环保产业政策制定的建议与意见。再次感谢您的支持与合作！

请填写您的个人真实信息：

姓名		职称/职务	
单位		联系方式	

一、调查内容

将国家环境服务业华南集聚区近年来出台的环保产业政策分为 5 个大类 20 个小类。

请您依据了解的情况，评价每项政策对集聚区环保产业发展发挥的作用。评价分为“非常重要”“重要”“一般”“不重要”“完全不重要”5 个等级。请在相应的框中画“√”，单选。

集聚区环保产业政策作用调查表

<table>
<tr><th>序号</th><th colspan="2">政策分类</th><th>非常
重要</th><th>重要</th><th>一般</th><th>不重要</th><th>完全
不重要</th></tr>
<tr><td>1</td><td rowspan="2">科技人才政策（C1）</td><td>创新创业人才培育政策（C11）</td><td></td><td></td><td></td><td></td><td></td></tr>
<tr><td>2</td><td>人才引进激励政策（C12）</td><td></td><td></td><td></td><td></td><td></td></tr>
<tr><td>3</td><td rowspan="4">技术创新与产业化政策（C2）</td><td>技术研发项目支持政策（C21）</td><td></td><td></td><td></td><td></td><td></td></tr>
<tr><td>4</td><td>技术产业化政策（C22）</td><td></td><td></td><td></td><td></td><td></td></tr>
<tr><td>5</td><td>示范工程建设支持政策（C23）</td><td></td><td></td><td></td><td></td><td></td></tr>
<tr><td>6</td><td>技术引进与合作政策（C24）</td><td></td><td></td><td></td><td></td><td></td></tr>
<tr><td>7</td><td rowspan="5">财税优惠政策（C3）</td><td>环保产业发展专项资金政策（C31）</td><td></td><td></td><td></td><td></td><td></td></tr>
<tr><td>8</td><td>科技企业和个人税收优惠政策（C32）</td><td></td><td></td><td></td><td></td><td></td></tr>
<tr><td>9</td><td>新建企业和产业化项目贴息贷款政策（C33）</td><td></td><td></td><td></td><td></td><td></td></tr>
<tr><td>10</td><td>中小企业金融扶持政策（C34）</td><td></td><td></td><td></td><td></td><td></td></tr>
<tr><td>11</td><td>新入驻企业奖励政策（C35）</td><td></td><td></td><td></td><td></td><td></td></tr>
<tr><td>12</td><td rowspan="5">规范引导政策（C4）</td><td>技术标准制定（C41）</td><td></td><td></td><td></td><td></td><td></td></tr>
<tr><td>13</td><td>计量检测、技术认证、评估政策（C42）</td><td></td><td></td><td></td><td></td><td></td></tr>
<tr><td>14</td><td>知识产权保护政策（C43）</td><td></td><td></td><td></td><td></td><td></td></tr>
<tr><td>15</td><td>对知名品牌的奖励政策（C44）</td><td></td><td></td><td></td><td></td><td></td></tr>
<tr><td>16</td><td>企业增资创收、上市、兼并重组、模式创新奖励政策（C45）</td><td></td><td></td><td></td><td></td><td></td></tr>
<tr><td>17</td><td rowspan="3">配套服务政策（C5）</td><td>宣传推介政策（C51）</td><td></td><td></td><td></td><td></td><td></td></tr>
<tr><td>18</td><td>环保产业促进平台（C52）</td><td></td><td></td><td></td><td></td><td></td></tr>
<tr><td>19</td><td>入园企业手续简化政策（C53）</td><td></td><td></td><td></td><td></td><td></td></tr>
</table>

二、意见与建议

（请您描述集聚区环保产业政策存在的问题、完善的建议，以及制定新政策的需求并说明原因）

附件 2　环保产业集聚区创新创业政策调查问卷

尊敬的女士/先生：

您好！非常感谢您能在百忙之中抽出宝贵的时间完成这份问卷。本次调查的目的是了解集聚区发展不同阶段政策的作用情况，以及您对集聚区环保产业政策制定的建议与意见。再次感谢您的支持与合作！

请填写您的个人真实信息：

姓名		职称/职务	
单位		联系方式	

环保产业集聚区创新创业政策调查问卷

一、背景介绍

课题研究内容中，拟采用专家评价法，对不同环保产业政策在环保产业集聚区建设的初创阶段、成长阶段、成熟阶段、转型阶段 4 个发展时期，以及建设全过程中作用力的强弱程度进行评价。

1．环保产业集聚区发展的各阶段特征

初创阶段指由于自然资源、技术工人或发展机遇等，致使相关企业集聚在一起进行产品生产，集聚区内企业数量很少，企业与产业之间相互独立或者联系松散。

成长阶段指由于集聚核心企业的成功和带动，致使许多企业被吸引到该地区，向核心企业学习并提供支持，企业的销售额、利润及就业率方面表现出高增长率的特征；区域创新环境和合作网络环境方面初见雏形；专业化的劳动力市场和产品市场开始形成；大量的研究机构、培训机构、行业协会、中介机构等支撑服务体系逐步建立。

成熟阶段指进入成熟期，产业集聚在规模和产值上较为稳定，并且企业生产过程和产品逐步走向标准化，企业倾向于追求更大规模的生产，集聚内同期产品容易出现雷同现象，存在“过度竞争”的威胁。

转型阶段指由于技术创新中断、地区劳动力成本过高、需求转移及产品处于生命周期的衰退期等种种内部和外部因素，致使集聚失去其竞争优势并开始在销售、利润和就业方面表现出了下滑的现象，其中最显著的标志是失去对市场的灵活反应，缺少应变的内部原动力。

2．作用力等级划分

研究组将环保产业政策对环保产业集聚区发展的作用力大小划分为“强”“中”“弱”“无”4 个等级（均为促进作用力，不考虑阻碍发展的反向作用力）。其中，“强”代表该项政策对促进环保产业发展的作用最为关键；“中”代表作用力中，发挥的作用较“强”的等级弱，但仍是本阶段促进环保产业发展不可缺少的关键政策；“弱”代表作用力弱，是本阶段对促进环保产业发展作用不大的政策；“无”代表没有作用力，是本阶段对环保产业发展无作用的政策。

二、评价内容

请各位专家填写表 1，分别就 23 项环保产业政策在环保产业集聚区发展不同阶段促进作用力的大小进行判断和选择，在相应作用力的框中画“√”表示。注意，只能在“强”“中”“弱”“无”4 个等级中选择其一进行填写。

表 1　环保产业集聚区发展不同阶段环保产业政策促进作用力评价

政策分类	序号	促进政策	初创阶段				成长阶段				成熟阶段				转型阶段			
			强	中	弱	无	强	中	弱	无	强	中	弱	无	强	中	弱	无
科技人才政策（P1）	1	高层次人才吸引政策（包括户籍政策、居住政策、家属就业、子女教育、简化审批制度，为人才提供一站式服务）（P11）																
	2	科技创新支持政策（领军人才和企业创新创业团队奖励政策、环保学术技术带头人、拔尖人才资助资金支持、科技创业人才无偿资助资金、留学人员环保产业创业资助）（P12）																
	3	人才培训平台（资格考试培训、继续教育基地、在线教育系统、学术讲座等）（P13）																
	4	人才服务政策（人才交流中心、人才储备库、人才流动中介服务机构）（P14）																

政策分类	序号	促进政策	初创阶段				成长阶段				成熟阶段				转型阶段			
			强	中	弱	无	强	中	弱	无	强	中	弱	无	强	中	弱	无
财税优惠政策（P2）	5	政府采购政策（政府采购新技术产品、政府首购政策）（P21）																
	6	财政引导资金（支持技术开发与成果转化，对中间试验和重大科研项目采用“前补助”，对科技创新研究成功的企业项目给予“后奖励”）（P22）																
	7	自主创新基金（对一些较成熟的项目实行无息或低息贷款，作为企业进行技术成果转化和产业化开始阶段的启动资金，采用参股方式支持中小企业研发新技术、新产品）（P23）																
	8	加速折旧（科技型、创新型企业提高预期创新有关的资产或者设备折旧率）（P24）																

政策分类	序号	促进政策	初创阶段				成长阶段				成熟阶段				转型阶段			
			强	中	弱	无	强	中	弱	无	强	中	弱	无	强	中	弱	无
财税优惠政策（P2）	9	税收减免政策（对中间试验产品实行税收减免，对专利收入实行免税政策，对风险投资企业实行税收优惠）（P25）																
	10	土地优惠政策（如场地租金减免、龙头企业入园土地优惠政策）（P26）																
金融政策（P3）	11	信贷支持政策（国家四大行或地方商业银行、政策性银行以低息贷款的方式支持园区小型高科技企业发展，基于园区企业信用评级提供融资担保）（P31）																
	12	风险投资政策（通过风险投资基金加大对园区新三板潜在企业投资力度，基于园区企业购买科技保险费用给予一定补贴）（P32）																

政策分类	序号	促进政策	初创阶段				成长阶段				成熟阶段				转型阶段			
			强	中	弱	无	强	中	弱	无	强	中	弱	无	强	中	弱	无
金融政策（P3）	13	创业投资基金（政府通过财政出资设立创业投资引导基金作为母资金，并引导社会资金投资设立各类创业投资子资金，投资处于起步期、种子期的创业较早的初创企业）（P33）																
	14	对外贸易政策（开展人民币用于国际贸易结算试点、建立外汇交易平台工作，开展离岸金融业务）（P34）																
规范引导政策（P4）	15	园区产业发展规划（P41）																
	16	知识产权保护政策（对知识产权优秀企业、服务机构、工作者予以奖励，免费提供专利查新服务）（P42）																
	17	园区企业信用体系建设（包括工商、税务信息和企业信用评级）（P43）																

政策分类	序号	促进政策	初创阶段				成长阶段				成熟阶段				转型阶段			
			强	中	弱	无	强	中	弱	无	强	中	弱	无	强	中	弱	无
规范引导政策（P4）	18	行业组织支持政策（扶持行业协会和产业联盟等行业组织发展建设，开展市场开拓、行业自律、服务品牌整合、标准制定、信息服务、技术创新交流推广等）（P44）																
	19	认证、检测、技术评估政策（建设技术检测认证中心、技术服务与展示中心）（P45）																
配套服务政策（P5）	20	园区品牌创建与宣传（举办环保高峰论坛、推介会等，设立品牌日，多渠道宣传自主品牌，注册集体商标，塑造园区文化）（P51）																
	21	园区基础设施建设（交通、电力、通信等基础设施的建设）（P52）																
	22	创新创业孵化器和研发基地建设（P53）																
	23	入园企业手续简化政策（P54）																

请专家填写表 2，给出科技人才政策（P1）、财税优惠政策（P2）、金融政策（P3）、规范引导政策（P4）、配套服务政策（P5）5 种类型环保产业促进政策在集聚区建设发展 4 个阶段作用大小的权重值，该权重值为 0～1，要求每类政策在环保产业集聚区发展 4 个阶段的作用力权重值之和应为 1.0。

表 2 不同类型政策在环保产业集聚区建设发展不同阶段的作用权重调查表

环保产业促进政策类型	初创期	成长期	成熟期	转型期	说明：Σ权重值
科技人才政策（P1）					1.0
财税优惠政策（P2）					1.0
金融政策（P3）					1.0
规范引导政策（P4）					1.0
配套服务政策（P5）					1.0

三、意见与建议

本研究中，将促进环保产业发展政策归纳为科技人才政策（P1）、财税优惠政策（P2）、金融政策（P3）、规范引导政策（P4）、配套服务政策（P5）5 种类型，共 23 项。请对促进环保产业发展的政策分类与每个类别下的划分提出调整、补充、优化等建议，建议内容请附于此段后。

建议：

____

____

____

参考文献

[1] 韩成吉．环保产业发展指数构建研究[D]．天津：天津工业大学，2018.

[2] 张会恒，陶金．我国环保产业投融资状况及其效率的包络分析——以 30 个省市面板数据为例[J]．中国环保产业，2015（9）：25-32.

[3] 中国环境保护产业协会．抓住“放管服”改革机遇，推动环保产业成为高质量发展新增长点[J]．中国环保产业，2018（10）：5-6.

[4] 赵云皓，孙宁，辛璐，等．环保产业发展不同阶段环境政策制度作用力研究[J]．中国人口·资源与环境，2014，24（S1）：34-37.

[5] 国冬梅．环境货物与贸易自由化[M]．北京：中国环境科学出版社，2005.

[6] Francis C C K，Winston T H K，Feichin T T. An Analytical Framework for Science Parks and Technology districts with an Application to Singapore[J]. Journal of Business Venturing，2005，20（2）：217-239.

[7] Link A N，Scott J T. The Growth of Research Triangle Park[J]. Small Business Economics，2003，20（2）：167-175.

[8] Cooper A C. The Role of Incubator Organizations in the Founding of Growth-oriented Firms[J]. Journal of Business Venturing，1985，34（3）：94-116.

[9] Caxtells M，Hall P. Technopoles of the World：the Making of 21st Century Industrial Complexes[M]. London：Routledge，1994.

[10] Storeya J D，Tetherb S B. Public Policy Measures to Support New Technology-based Firms in the European Union[J]. Research Policy，1998，26（9）：1037-1057.

[11] Dijk V P M. Government Policies with Respect to an Information Technology Cluster in Bangalore India[J]. European Journal of Development Research，2003，15（2）：93-108.

[12] 宋周莺，刘卫东，刘毅．产业集群研究进展探讨[J]．经济地理，2007（2）：285-290.

[13] Porter M E．Clusters and The New Economics of Competition[J]．Harvard Business

Review，1998（76）：77-90.

[14] Menon C. The Bright Side of Maup：Defining New Measures of Industrial Agglomeration[J]. Papers in Regional Science，2012，91（1）：3-28.

[15] 沈静．不同类型产业集群发展中地方政府行为的比较研究[J]．人文地理，2010，25（2）：125-129.

[16] 江青虎，丁卫明，曾宇容．外源性产业集群形成机理研究——基于深度访谈的方法[J]．全国商情（理论研究），2011（12）：11-13.

[17] 耿兆辉，王涛．自主内生型产业集群的创新困境与政策调控[J]．河北经贸大学学报，2015，36（5）：92-94.

[18] 薛白．区位决策视角下的集群生命周期分析[J]．产业经济研究，2007（3）：44-49.

[19] 李重阳，江磊，王志垚．中国环保产业园区发展现状及问题探究[J]．环境工程技术学报，2019，9（6）：769-774.

[20] 黎莹，傅涛，赵喜亮，等．我国环境产业聚集发展现状、问题及路径选择[J]．商业时代，2014（1）：113-115.

[21] 王其和，夏晶，王婉娟．产业集群生命周期与政府行为关系研究[J]．当代经济，2010（20）：164-166.

[22] 刘芹．产业集群升级研究述评[J]．科研管理，2007（3）：57-62.

[23] 吴福象，杨婧．产业集群的生命周期及其演化机制——基于开放条件下长三角重点制造业的实证分析[J]．华东经济管理，2016，30（9）：1-8，193.

[24] 罗胤晨，谷人旭，王春萌．经济地理学视角下西方产业集群研究的演进及其新动向[J]．世界地理研究，2016，25（6）：96-108.

[25] Tichy G Clusters. Less Dispensable and More Risky Than Ever[M]. London：Pion Limited，1998：226-237.

[26] 吕拉昌，魏也华．产业集群理论的争论、困惑与评论[J]．人文地理，2007（4）：21-26.

[27] 罗茜，皮宗平．环保产业创新集群形成路径研究：宜兴环保科技工业园的实例分析[J]．科技进步与对策，2010（22）：85-90.

[28] 王月波．环保产业园区发展的环境、驱动及阶段分析[D]．石家庄：河北经贸大学，2018.

[29] 付永红．环保产业集聚绩效影响因素研究[D]．南京：南京财经大学，2011.

[30] 李明惠，雷良海，孙爱香．基于产业集群生命周期理论的政府政策研究[J]．中国科技论坛，2010（10）：40-45.

[31] 赵丽洲，丁长青．基于生命周期视角的产业集群技术创新能力研究[J]．统计与决策，2009（15）：165-166.
[32] 薛白．区位决策视角下的集群生命周期分析[J]．产业经济研究，2007（3）：44-49，67.
[33] 陈晓涛．产业集群的衰退机理及升级趋势研究[J]．科技进步与对策，2007（2）：72-74.
[34] 倪峰．创新创业概论[M]．北京：高等教育出版社，2012：30.
[35] 约瑟夫·熊彼特．经济发展理论[M]．何畏，等，译．北京：商务印书馆，1997：73-74.
[36] 成思危．成思危谈创新[J]．财富智慧，2006（1）：10-15.
[37] 曲婉，冯海红，侯沁江．创新政策评估方法及应用研究：以高新技术企业税收优惠政策为例[J]．科研管理，2017（1）：1-11.
[38] 迈克尔·波特．国家竞争优势[M]．李明轩，邱如美，译．北京：华夏出版社，2007：530-548.
[39] 于玉林．创新与会计创新的解读[J]．现代会计，2013（1）：1-5.
[40] 于汇娟．国有企业文化建设与创新[J]．活力，2014（2）：1.
[41] 侯文华．大学生创新创业教育教程[M]．北京：科学出版社，2012：4.
[42] [美]彼得·F. 德鲁克．创新与创业精神：管理大师谈创新实务与策略[M]．张炜，译．上海：上海人民出版社，2002：36.
[43] 李时椿，刘冠．关于创业与创新的内涵、比较与集成融合研究[J]．经济管理，2007（16）：76-80.
[44] 黄侣蕾．长株潭三市创新创业政策的比较与优化研究[D]．湘潭：湘潭大学，2016.
[45] 杜跃平，王雪林，段利民．科技创新创业政策环境研究[M]．北京：企业管理出版社，2016.
[46] 常忠义．区域创新创业政策支持体系研究[J]．中国科技论坛，2008（6）：21-24，30.
[47] 夏彬．南通市创新创业政策对地方经济影响研究[D]．杭州：浙江大学，2018.
[48] 李婧媛．区域科技创新与创业政策评估体系研究[D]．哈尔滨：哈尔滨理工大学，2018.
[49] 陈晓涛．产业集群的衰退机理及升级趋势研究[J]．科技进步与对策，2007（2）：72-74.
[50] 姜华，陈胜，杨鹊平，等．生态环境科技进展与“十四五”展望[J]．中国环境管理，2020，12（4）：29-34.

[51] 常杪，杨亮，陈青，等．我国环保产业园的发展与新时期面临的挑战[J]．中国环保产业，2020（6）：12-17.

[52] 王世汶，常杪，杨亮．环保产业发展理论与实践[M]．北京：中国社会科学出版社，2020：194-195.

[53] 沈鹏，傅泽强，高宝．我国环保产业园区建设模式研究[J]．环境保护，2016，44（6）：41-43.

[54] 裴莹莹，薛婕，罗宏，等．中国环保产业园区发展模式研究[J]．环境与可持续发展，2015，40（6）：47-50.

[55] 辛璐，王志凯，徐志杰．学习贯彻《中共中央 国务院关于深入打好污染防治攻坚战的意见》认识之五 支撑深入打好污染防治攻坚战 “十四五”末期环保产业有望突破 3 万亿元[J]．中国环保产业，2021（12）：11-12.

[56] 赵云皓，辛璐，卢静．学习贯彻《中共中央 国务院关于深入打好污染防治攻坚战的意见》认识之二 支撑深入打好污染防治攻坚战 环保产业发展新趋势[J]．中国环保产业，2021（11）：11-12.

[57] 胡兰．招招制胜 满盘皆赢——宜兴环保科技工业园打造“中国环保第一园”纪实[J]．中国高新区，2014（7）：58-65.

[58] 中国宜兴环保科技工业园——腾飞的环保之都[C]//2012（第十届）水业战略论坛论文集，2012：25-27.

[59] 王芳．环保推进会的宜兴共识——宜兴环科园借力部省合作加快打造“中国环保第一园”[J]．中国高新区，2016（10）：33-37.

[60] 朱旭峰．争当苏南国家自主创新示范区建设排头兵[J]．江南论坛，2015（4）：48-49.

[61] 朱旭峰．在加快环保产业转型升级中构建科学发展新优势[J]．江南论坛，2012（5）：38-39.

[62] 陈啟信．佛山市南海区推进环境污染第三方治理实践研究[J]．环境与发展，2018，30（5）：46-47.

[63] 辛璐，卢静，徐志杰，等．促进环保产业园区创新创业机制政策作用力研究[J]．环境保护科学，2021，47（1）：1-9.

[64] 杜跃平，王林雪，段利民．科技创新创业政策环境研究[M]．北京：企业管理出版社，2016.

[65] 辛璐，赵云皓，陶亚，等．促进环保产业园创新创业发展政策调查分析——以国家环境服务业华南集聚区为例[J]．中国环保产业，2020（8）：6-14.

[66] 蒋海勇．发展低碳经济的公共财政政策链研究[J]．开放导报，2011（2）：57-60.

[67] 李武军，黄炳南．基于政策链范式的我国低碳经济政策研究[J]．中州学刊，2010，（5）：35-38.

[68] 宋丹妮．基于汽车工业系统的政策链模型构建与分析[J]．经济师，2007（9）：24-25.

[69] 辛璐，赵云皓，徐顺青，等．促进环保产业发展的环境政策制度链研究[J]．中国人口·资源与环境，2014，24（S3）：97-99.

[70] 高鸣，习银生．东北地区粮食政策联动机制构建[J]．华南农业大学学报（社会科学版），2018，17（4）：20-28.

[71] 苏明，杨良初．我国高新技术园区财税政策存在的问题与对策建议[J]．经济研究参考，2004（38）：2-14.

[72] 辛璐，赵云皓，逯元堂，等．我国环保产业税收优惠政策解读[J]．中国环保产业，2019（8）：5-10.